不锈钢叶片

耐冲蚀抗疲劳表面强化技术

奚运涛 ◎著

中国石化出版社

内 容 提 要

本书以动力装置常用叶片材料 2Cr13 马氏体不锈钢为研究对象,以有效提高其固体粒子冲蚀(SPE)抗力,且兼顾抗疲劳、耐腐蚀和抗冲刷腐蚀性能为目的,建立科学的 SPE 评价方法,并运用喷丸强化(SP)、低温离子氮化、离子辅助电弧沉积技术及其复合处理等手段对其进行表面防护技术研究,对影响规律和作用机制进行深入系统的探讨。

本书可供从事材料冲蚀研究的工程技术人员、科研人员使用,也可供高等院校相关专业的师生学习参考。

图书在版编目(CIP)数据

不锈钢叶片耐冲蚀抗疲劳表面强化技术 / 奚运涛著.
—北京:中国石化出版社,2021.7
ISBN 978-7-5114-6394-4

Ⅰ.①不… Ⅱ.①奚… Ⅲ.①不锈钢–叶片–耐蚀性
–金属表面处理 Ⅳ.①TG142.71②TG178

中国版本图书馆 CIP 数据核字(2021)第 155864 号

中国石化出版社出版发行
地址:北京市东城区安定门外大街 58 号
邮编:100011 电话:(010)57512500
发行部电话:(010)57512575
http://www.sinopec-press.com
E-mail:press@ sinopec.com
北京柏力行彩印有限公司印刷
全国各地新华书店经销
*
710×1000 毫米 16 开本 10.5 印张 205 千字
2021 年 8 月第 1 版 2021 年 8 月第 1 次印刷
定价:68.00 元

前　言

　　叶片是动力装置的核心部件，如航空发动机叶片、工业风机叶片、汽轮机叶片等，其制造品质直接影响着动力装置的服役性能和寿命。马氏体不锈钢是制造这些叶片的主要材料，具有价格低廉、加工成形方便、机械性能和耐腐蚀性能优良等诸多优点，广泛应用于航空、石油、化工、电力、机械等诸多工业部门。

　　然而，由于不锈钢的硬度低、耐磨性差，当叶片高速旋转时，气流中存在的粉尘、沙砾和工业介质颗粒等将会对马氏体不锈钢叶片表面造成严重的冲蚀破坏，使动力装置效率降低、使用寿命缩短，甚至导致灾难性事故的发生。因此，固体粒子冲蚀（SPE）是马氏体不锈钢叶片失效的主要破坏形式之一，尤其以航空发动机叶片的 SPE 损伤危害性最大。例如飞机在低空飞行、起飞和降落过程中，空气中的尘埃和沙砾等在高速气流的作用下将对发动机前级叶片造成严重的冲蚀，特别是在沙尘环境中服役的直升机，其发动机寿命会降低 90% 左右。历史上由于 SPE 损伤而导致的叶片断裂失效事件屡有发生，并曾由此引发过机毁人亡的飞行事故，引起了国内外有关科技人员的高度重视；并且在第三届国际材料磨损会议上，冲蚀问题便从磨料磨损和金属磨损小组中分列出来成为一个专题组。

　　另外，马氏体不锈钢叶片运转时，会同时受到多种载荷的作用，如自身的离心拉应力、气流产生的弯曲交变应力及气流扰动引起的振动应力等，因此疲劳断裂也是其重要的失效行为，并受到高度重视。为此，研究有效提高马氏体不锈钢的 SPE 抗力，且同时兼顾其抗疲劳、耐腐蚀和抗冲刷腐蚀性能的防护技术，对发展高性能、长寿命的工业动力装置和航空发动机等意义重大。

本书以作者 20 多年的防腐研究和实践认识为基础编写而成，内容涵盖了航空发动机、工业风机、汽轮机等叶片冲蚀机理及防治技术相关领域。本书以动力装置常用叶片材料 2Cr13 马氏体不锈钢为研究对象，以有效提高其 SPE 抗力，且兼顾抗疲劳、耐腐蚀和抗冲刷腐蚀性能为目的，建立科学的 SPE 评价方法，并运用喷丸强化(SP)、低温离子氮化、离子辅助电弧沉积技术及其复合处理等手段对其进行表面防护技术研究，对影响规律和作用机制进行深入系统的探讨。

本书共分为 8 章，第 1 章介绍了不同动力装置中不锈钢叶片的服役工况；第 2 章着重叙述了叶片冲蚀行为和疲劳性能的定义、影响因素及防治措施；第 3 章着重介绍了目前不锈钢叶片常用的表面强化技术，主要包括热喷涂、离子氮化、物理气相沉积、喷丸强化、复合表面改性等；第 4 章讨论了喷丸强化对叶片疲劳与冲蚀行为的影响；第 5 章叙述了不锈钢低温离子氮化及其冲蚀与疲劳行为；第 6 章着重叙述了离子辅助电弧沉积 ZrN 膜层的形貌与结构；第 7 章重点介绍了复合表面改性及其冲蚀与疲劳行为；第 8 章利用有限元分析方法建立了三维 SPE 模型，分析了改性层厚度、弹性模量及结构等因素对 SPE 抗力的影响。

本书写作过程中，得到了西北工业大学刘道新教授、谢发勤教授、张晓化副教授、吴向清副教授，西安航空学院韩栋副教授的大力支持和帮助，在此致以衷心的感谢。同时，作者还参考了国内外相关文献，在此向原作者表示衷心的感谢！

本书的出版得到了西安石油大学优秀学术著作出版基金的资助，作者在此亦表示感谢。

由于作者水平有限，书中难免存在疏漏和错误之处，敬请读者批评指正。

目 录

第**1**章
不锈钢叶片服役工况简介

不锈钢按组织状态可分为铁素体不锈钢、奥氏体不锈钢、奥氏体-铁素体双相不锈钢、沉淀硬化不锈钢以及马氏体不锈钢等。其中马氏体不锈钢因其具有耐腐蚀性能良好、不易变形、价格低廉，且在高温下仍能保持优良的物理机械性能等特点，成为动力装置中制造叶片(如航空发动机叶片、工业风机叶片、汽轮机叶片)等的重要材料。

　　当动力装置工作时，不锈钢叶片主要起到引导流体(液体、气体或多相流体)按一定方向流动，并推动转子旋转的重要作用。装在壳体上的叶片称静叶片，装在转子上的叶片称为动叶片。不锈钢叶片的主体是叶身，其尺寸关系到动力装置的流通能力。最小的不锈钢叶片不过5mm高，用于每分钟数十万转的微型装置中。较大的不锈钢叶片可达十几米，如装在我国葛洲坝水电站1号转桨式水轮机中的一只巨型不锈钢叶片，转轮的外径为11.3m，重达46t。叶身的横截面称为叶型，是决定叶片效率的主要因素。叶身与壳体或转子相连接的部分称为叶根。叶片顶部往往覆以围带或叶冠以提高效率，叶身常穿以拉筋以改善振动性能。在高速旋转的动力装置中，任何动叶片的局部损伤、断裂或脱落都会引起振动、损毁，甚至突然停车，因此，不锈钢叶片的可靠性至关重要。

　　不同工况下，叶片所受到的主要损伤机理不同。航空发动机叶片高速旋转工作时会受到自身的离心拉应力、气流产生的弯曲交变应力及气流扰动引起的振动应力等多种载荷作用，易发生疲劳断裂；同时，还会受到空气中沙砾、粉尘、工业介质颗粒等固体粒子冲蚀(SPE)，尤其是飞机在起飞、降落或低空飞行时，损伤最为严重；沿海执行任务的飞机发动机叶片还会承受海雾的加速腐蚀。汽轮机叶片工作时会受高温高压蒸汽的作用，承受着较大的弯矩；高速运转中的动叶片还要承受很高的离心力；处于湿蒸汽区的叶片，特别是末级叶片，还要经受电化学腐蚀及水滴冲蚀，以及较复杂的激振力作用。在某些特殊工况下，由于腐蚀介质和固体粒子同时存在，还会引起腐蚀与冲蚀的协同破坏[冲刷腐蚀(Corrosion Erosion，CE)]，致使转动部件过早失效。工业风机叶片在运行中会承受周期性的脉动力和稳态离心力两种载荷，易发生疲劳失效；因流体冲蚀、腐蚀、气蚀和微粒磨蚀所造成的表面剥落、磨损以及锯齿形、蜂窝状的斑痕，是另一类常见的叶片损坏；钢厂、矿山和火电厂等部门使用的工业风机叶片还会承受CO、CO_2、SO_2、H_2S等潮湿大气的加速腐蚀等。

　　因此，本章着重就不锈钢的分类、马氏体不锈钢的特点、合金化及应用，以及不同动力装置叶片(如汽轮机叶片、工业风机叶片、航空发动机叶片等)的服役工况进行介绍。

1.1 马氏体不锈钢

1.1.1 不锈钢的分类及牌号

1.1.1.1 不锈钢的分类

不锈钢(Stainless Steel)是不锈耐酸钢的简称,耐空气、蒸汽、水等弱腐蚀介质或具有不锈性的钢种称为不锈钢;而将耐化学腐蚀介质(酸、碱、盐等化学浸蚀)腐蚀的钢种称为耐酸钢。

由于两者在化学成分上的差异而使它们的耐蚀性不同,普通不锈钢一般不耐化学介质腐蚀,而耐酸钢一般均具有不锈性,不锈钢的耐蚀性取决于钢中所含的合金元素。"不锈钢"一词不仅仅是单纯指一种不锈钢,而是表示一百多种工业不锈钢,所开发的每种不锈钢都在其特定的应用领域具有良好的性能。

不锈钢常按组织状态分为:马氏体钢、铁素体钢、奥氏体钢、奥氏体-铁素体双相不锈钢及沉淀硬化不锈钢等。另外,也可按合金成分划分为:铬不锈钢、铬镍不锈钢和铬锰氮不锈钢等。还有用于压力容器的专用不锈钢(GB/T 24511—2017《承压设备用不锈钢和耐热钢钢板和钢带》)。

(1)铁素体不锈钢

含铬 15%~30%,其耐蚀性、韧性和可焊性随含铬量的增加而提高,耐氯化物应力腐蚀性能优于其他种类不锈钢,属于这一类的不锈钢有 Cr17、Cr17Mo2Ti、Cr25、Cr25Mo3Ti、Cr28 等。铁素体不锈钢因含铬量高,耐腐蚀性能与抗氧化性能均较好,但其机械性能与工艺性能较差,多用于受力不大的耐酸结构及作为抗氧化钢使用。这类钢能抵抗大气、硝酸及盐水溶液的腐蚀,并具有高温抗氧化性能好、热膨胀系数小等特点,主要用于硝酸及食品工厂设备,也可制作在高温下工作的零件,如燃气轮机零件等。

(2)奥氏体不锈钢

含铬大于 18%,还含有 8% 左右的镍及少量钼、钛、氮等元素。综合性能好,可耐多种介质腐蚀。奥氏体不锈钢的常用牌号有 1Cr18Ni9、0Cr19Ni9 等。因 0Cr19Ni9 钢的碳含量 <0.08%,所以钢号中标记为 "0"。含有大量的 Ni 和 Cr,使钢在室温下呈奥氏体状态。这类钢具有良好的塑性、韧性、焊接性、耐蚀性能和无磁或弱磁性,在氧化性和还原性介质中耐蚀性均较好,用来制作耐酸设备,如耐蚀容器及设备衬里、输送管道、耐硝酸的设备零件等,另外还可用作不锈钢

钟表饰品的主体材料。奥氏体不锈钢一般采用固溶处理，即将钢加热至1050～1150℃，然后进行水冷或风冷，以获得单相奥氏体组织。

（3）奥氏体-铁素体双相不锈钢

兼有奥氏体和铁素体不锈钢的优点，并具有超塑性。奥氏体和铁素体组织各约占一半的不锈钢。在碳含量较低的情况下，铬（Cr）含量在18%～28%，镍（Ni）含量在3%～10%。有些钢还含有Mo、Cu、Si、Nb、Ti、N等合金元素。该类钢兼有奥氏体和铁素体不锈钢的特点，与铁素体相比，塑性、韧性更高，无室温脆性，耐晶间腐蚀性能和焊接性能均显著提高，同时还保持有铁素体不锈钢的475℃脆性以及导热系数高，具有超塑性等特点。与奥氏体不锈钢相比，强度高且耐晶间腐蚀和耐氯化物应力腐蚀有明显提高。双相不锈钢具有优良的耐孔蚀性能，也是一种节镍不锈钢。

（4）沉淀硬化不锈钢

沉淀硬化不锈钢在不锈钢化学成分的基础上添加不同类型、数量的强化元素，通过沉淀硬化过程析出不同类型和数量的碳化物、氮化物、碳氮化物和金属间化合物，既提高钢的强度又保持足够韧性的一类高强度不锈钢，简称PH钢。基体为奥氏体或马氏体组织，沉淀硬化不锈钢的常用牌号有04Cr13Ni8Mo2Al、0Cr17Ni4Cu4Nb、0Cr17Ni7Al和0Cr15Ni25Ti2MoVB等。

（5）马氏体不锈钢

含铬范围从11.5%至18%，铬含量愈高的不锈钢需碳含量愈高，以确保在热处理期间马氏体的形成。马氏体不锈钢的常用牌号有1Cr13、2Cr13、3Cr13等，因含碳较高，故具有较高的强度、硬度和耐磨性，但塑性、可焊性和耐蚀性稍差，用于力学性能要求较高、耐蚀性能要求一般的一些零件上，如弹簧、汽轮机叶片、水压机阀等。这类钢是在淬火、回火处理后使用的，锻造、冲压后需退火处理。

1.1.1.2 不锈钢的牌号及典型不锈钢

不锈钢的牌号，按成分可分为Cr系（400系列）、Cr-Ni系（300系列）、Cr-Mn-Ni（200系列）及析出硬化系（600系列）。

200系列——铬-镍-锰奥氏体不锈钢。

300系列——铬-镍奥氏体不锈钢。

型号301——延展性好，用于成型产品。

型号304——通用型号，即18/8不锈钢，GB牌号为0Cr18Ni9。

型号316——添加钼元素使其获得一种抗腐蚀的特殊结构，主要用于食品工业和外科手术器材。

型号321——添加了钛元素降低了材料焊缝锈蚀的风险，其他性能与304

相似。

400 系列——铁素体和马氏体不锈钢。

型号 408——耐热性好，弱抗腐蚀性，11%的 Cr，8%的 Ni。

型号 410——马氏体(高强度铬钢)，耐磨性好，抗腐蚀性较差。

型号 416——添加了硫改善了材料的加工性能。

型号 420——"刀具级"马氏体钢，类似布氏高铬钢这种最早的不锈钢。也用于外科手术刀具，可以做得非常光亮。

型号 430——铁素体不锈钢，装饰用，例如用于汽车饰品。具有良好的成型性，但耐温性和抗腐蚀性要差。

型号 440——高强度刀具钢，含碳稍高，经过适当的热处理后可以获得较高屈服强度，硬度可以达到58HRC，属于最硬的不锈钢之列。最常见的应用例子就是"剃须刀片"。常用型号有三种：440A、440B、440C，另外还有 440F(易加工型)。

500 系列——耐热铬合金钢。

600 系列——马氏体沉淀硬化不锈钢。

型号 630——最常用的沉淀硬化不锈钢型号，通常也叫 17-4：17% Cr、4%Ni。

典型不锈钢的特点及应用见表 1-1。

表 1-1 典型不锈钢的特点及用途

不锈钢类别及钢号		特点	用途
铁素体不锈钢	409L (11.3Cr-0.17Ti)	因添加了 Ti 元素，故其高温耐蚀性及高温强度较好	汽车排气管、热交换机、集装箱等在焊接后不热处理的产品
	430 (16Cr)	作为铁素体钢的代表钢种，热膨胀率低，成形性及耐氧化性优	耐热器具、燃烧器、家电产品、二类餐具、厨房洗涤槽、外部装饰材料、螺栓、螺母、CD杆、筛网
	430J1L (18-Cr0.5Cu-Nb)	在 430 钢中，添加了 Cu、Nb 等元素；其耐蚀性、成形性、焊接性及耐高温氧化性良好	建筑外部装饰材料、汽车零件、冷热水供给设备
	436L (18Cr-1Mo-Ti、Nb、Zr)	耐热性、耐磨蚀性良好，因含有 Nb、Zr 元素，故其加工性、焊接性优秀	洗衣机、汽车排气管、电子产品、三层底的锅

不锈钢类别及钢号		特点	用途
奥氏体不锈钢	301 (17Cr-7Ni)	与304钢相比，Cr、Ni含量少，冷加工时抗拉强度和硬度增高，无磁性，但冷加工后有磁性	列车、航空器、传送带、车辆、螺栓、螺母、弹簧、筛网
	304 (18Cr-8Ni)	用途广泛，具有良好的耐蚀性、耐热性，低温强度和机械特性；冲压、弯曲等热加工性好，无热处理硬化现象，无磁性	橱柜、室内管线、热水器、锅炉、汽车配件、医疗器具、建材、化学、食品工业、农业、船舶部件
	304Cu(13Cr-7.7Ni-2Cu)	因添加Cu其成型性，特别是拔丝性和抗时效裂纹性好，故可进行复杂形状的产品成形；其耐腐蚀性与304相同	保温瓶、厨房洗涤槽、锅、壶、保温饭盒、门把手、纺织加工机器
	316(18Cr-12Ni-2.5Mo)	因添加Mo，故其耐蚀性、耐大气腐蚀性和高温强度特别好，可在苛刻的条件下使用；加工硬化性优(无磁性)	海水里用设备、化学、染料、造纸、草酸、肥料等生产设备；照像、食品工业、沿海地区设施、绳索、CD杆、螺栓、螺母
	321 (18Cr-9Ni-Ti)	在304钢中添加Ti元素来防止晶界腐蚀；适合于在430~900℃温度下使用	航空器、排气管、锅炉汽包
马氏体不锈钢	410 (13Cr)	作为马氏体钢的代表钢，虽然强度高，但不适合恶劣的腐蚀环境；其加工性好，经过热处理后发生硬化(有磁性)	刀刃、机械零件、石油精练装置、螺栓、螺母、泵杆、1类餐具(刀叉)
	420J1 (13Cr-0.2C)	淬火后硬度高，耐蚀性好(有磁性)	餐具(刀)、涡轮机叶片
	420J2 (13Cr-0.3C)	淬火后，比420J1钢硬度更高(有磁性)	刀刃、管嘴、阀门、板尺、餐具(剪刀、刀)

1.1.2　马氏体不锈钢的特点

马氏体不锈钢是一类可以通过热处理(淬火、回火)对其性能进行调整的不锈钢，是一类可硬化的不锈钢。典型牌号为 Cr13 型，如 1Cr13、2Cr13、3Cr13、4Cr13 等。淬火后硬度较高，不同的回火温度具有不同的强韧性组合，主要用于蒸汽轮机叶片、餐具、手术器械。

标准的马氏体不锈钢包括：410、414、416、416(Se)、420、431、440A、440B 和 440C 型，有磁性；这些钢材的耐腐蚀性来自"铬"，其范围是 11.5% ~ 18%，铬含量愈高的钢材需碳含量愈高，以确保在热处理期间马氏体的形成，上述三种 440 型不锈钢很少被考虑作为需要进行焊接的材料来应用，且 440 型成分的熔填金属不易取得。

马氏体不锈钢能在退火、硬化与回火的状态下焊接，无论不锈钢的原先状态如何，经过焊接后都会在邻近焊道处产生一硬化的马氏体区，热影响区的硬度主要是取决于母材金属的碳含量，当硬度增加时，则韧性减少，且此区域变成较易产生龟裂。预热和控制层间温度是避免龟裂的最有效方法，为得最佳的性质，需焊后热处理。

马氏体不锈钢可以通过热处理(淬火、回火)对其性能进行调整，这种特性决定了这类钢必须具备两个基本条件：一是在平衡相图中必须有奥氏体相区存在，在该区域温度范围内进行长时间加热，使碳化物固溶到钢中之后，进行淬火形成马氏体，也就是化学成分必须控制在 γ 或 γ+α 相区；二是要使合金形成耐腐蚀和氧化的钝化膜，铬含量必须在 10.5% 以上。

马氏体不锈钢主要为铬含量在 12% ~ 18% 范围内的低碳或高碳钢。各国广泛应用的马氏体不锈钢钢种有如下三类：

(1) 低碳及中碳 13%Cr 钢；

(2) 高碳的 18%Cr 钢；

(3) 低碳含镍(约 2%)的 17%Cr 钢。

马氏体不锈钢具备高强度和耐蚀性，可以用来制造机器零件，如蒸汽涡轮的叶片(1Cr13)，蒸汽装备的轴和拉杆(2Cr13)，以及在腐蚀介质中工作的零件如活门、螺栓等(4Cr13)。碳含量较高的钢号(4Cr13、9Cr18)则适用于制造医疗器械、餐刀、测量用具、弹簧等。

与铁素体不锈钢相似，在马氏体不锈钢中也可以加入其他合金元素来改进其他性能：①加入 0.07%S 或 Se 改善切削加工性能，例如 1Cr13S 或 4Cr13Se；②加入约 1%Mo 及 0.1% V，可以增加 9Cr18 钢的耐磨性及耐蚀性；③加入约

1Mo-1W-0.2V，可以提高 1Cr13 及 2Cr13 钢的热强性。

马氏体不锈钢与调制钢一样，可以使用淬火、回火及退火处理。其力学性质与调制钢也相似：当硬度升高时，抗拉强度及屈服强度升高，而伸长率、截面收缩率及冲击功则随之降低。

马氏体不锈钢的耐蚀性主要取决于铬含量，而钢中的碳由于与铬形成稳定的碳化铬，又间接影响了钢的耐蚀性。因此在 13%Cr 钢中，碳含量越低，则耐蚀性越高。而在 1Cr13、2Cr13、3Cr13 及 4Cr13 四种钢中，其耐蚀性与强度的顺序恰好相反。

在加工产品的时候，为了提高马氏体不锈钢产品的强度和硬度，会增加碳含量，从而导致产品的塑性和耐蚀性下降。所以通常马氏体不锈钢加工出来的产品的耐蚀性较差。

1.1.3　马氏体不锈钢的分类及合金化

马氏体不锈钢根据化学成分不同可分为马氏体铬钢和马氏体铬镍钢两类。根据组织和强化机理的不同，还可分为马氏体和半奥氏体(或半马氏体)沉淀硬化不锈钢、马氏体时效不锈钢及超级马氏体不锈钢等。

1.1.3.1　根据化学成分分类

（1）马氏体铬钢是以 C 和 Cr 为主要合金元素的钢种，主要包括 1Cr13、2Cr13、3Cr13、4Cr13、9Cr18、3Cr13Mo、9Cr18MoV 等传统马氏体不锈钢。Cr 含量一般为 12%~18%，其耐蚀性能随着钢中 Cr 含量的增加而提高。铬含量决定钢的耐蚀性，碳含量越高则强度、硬度和耐磨性越高。此类钢的正常组织为马氏体，有的还含有少量的奥氏体、铁素体或珠光体。主要用于制造对强度、硬度要求高，而对耐腐蚀性能要求不太高的零件、部件以及工具、刀具等。

该类钢中 Cr 含量不应低于 12%，否则钢的耐蚀性急剧降低。Cr 含量也不应高于 18%，否则不能通过淬火得到全马氏体组织。C 的含量为 0.1%~1.0%，随 C 含量增加，钢的韧性下降。且 C 与钢中的 Cr 形成 $Cr_{23}C_6$ 等碳化物，减少钢中有效 Cr，对钢的耐蚀性不利。此外，马氏体铬不锈钢中还可加入小于 1% 的 Mo，起到细化晶粒、明显改善钢的耐点蚀性，提高钢的高温强度和抗回火性能的作用。这类钢具有不锈性和在弱介质中的耐蚀性。但这类钢缺少足够的延展性，而且在制造过程中应力裂纹敏感，可焊性差。

马氏体铬不锈钢的主要合金元素是铁、铬和碳。如 Cr 大于 13% 时，不存在 γ 相，此类合金为单相铁素体合金，在任何热处理制度下也不能产生马氏体，为此必须在内 Fe-Cr 二元合金中加入奥氏体形成元素，C、N 是有效元素，C、N 元素的添加使得合金允许更高的铬含量。在马氏体铬不锈钢中，除铬外，C 是另一个最重要的必备元素，事实上，马氏体铬不锈耐热钢是一类铁、铬、碳三元合金。当然，还有其他元素，利用这些元素，可根据 Schaeffler 图确定大致的组织。

（2）马氏体铬镍钢是为了克服上述马氏体不锈钢的一些不足，通过镍取代不锈钢中的 C，降低碳的质量分数，从而起到显著提高韧性、耐蚀性、淬透性等作用。Ni 的加入量一般为 2%~6%，不能过高，否则，因镍扩大奥氏体相区和降低马氏体转变点温度的双重作用，使钢丧失淬火能力而变成单相奥氏体不锈钢。同样，马氏体铬镍不锈钢中亦可加入 Mo，在提高强度的同时，也使回火稳定性和耐蚀性得到提高。典型钢种有：Cr13Ni2、1Cr17Ni2、ZG06Cr13Ni4Mo、ZG06Cr13Ni6Mo、ZG06Cr16Ni5Mo 等。

1.1.3.2　根据组织和强化机理分类

（1）马氏体沉淀硬化不锈钢是通过在不锈钢中加入硬化元素以获得高强度、高韧性及高耐蚀性的一类不锈钢。主要有 17-4PH、15-5PH（0Cr15Ni5Cu4Nb）、0Cr15Ni5WMoVNb、FV520B 等，其中以 17-4PH（0Cr17Ni4Cu4Nb）为代表。在马氏体沉淀硬化不锈钢中除 Fe 和 C 外，添加的合金元素主要有 Cr、Ni、Al、Ti、Mn、Cu、Mo、Nb 等。尤其是 Al、Ti、Cu 等元素的加入，使它们在马氏体基体上通过沉淀硬化作用析出 Ni_3Al、Ni_3Ti 等弥散强化相而进一步提高钢的强度，如 Cr17Ni4Cu4 等牌号；而半奥氏体（或称半马氏体）沉淀硬化不锈钢，由于淬火状态仍为奥氏体组织，所以淬火态仍可进行冷加工成型，然后通过中间处理、时效处理等工艺进行强化，这样就可以避免马氏体沉淀硬化不锈钢中的奥氏体淬火后直接转变为马氏体，导致随后加工成型困难的缺点。常用的钢种有 0Cr17Ni7Al、0Cr15Ni7Mo2Al 等。此类钢强度较高，一般达 1200~1400MPa，常用于制作对耐蚀性能要求不太高但需要高强度的结构件，如飞机蒙皮等。

C 是奥氏体形成元素，有促进马氏体转变的作用，C 还有促进第 2 相碳化物 [如：$(FeCr)_3C$、$(FeCr)_7C_3$、MoC、NbC 等] 沉淀析出的作用，这些作用对提高马氏体沉淀硬化不锈钢的强度和硬度均有利；但碳化物的析出会使组织中 Cr 的含量大幅下降，对耐蚀性能有很大的负面作用；并且碳化物主要在晶界位置析出，会导致晶间腐蚀的发生，并有可能产生晶间性应力腐蚀开裂。所以，在马氏体沉淀硬化不锈钢中 C 的含量一般控制在 0.1% 以下，有利于改善不锈钢的焊接性能。

Cr 是不锈钢中对耐蚀性起着决定性作用的合金元素。Cr 的加入可以提高固溶体的电极电位，使钢的点蚀电位值得到提高，有效降低点蚀的发生；Cr 还会在组织表面形成致密的氧化膜，将内部组织与腐蚀介质隔离而免遭腐蚀；Cr 是强铁素体形成元素，过高的 Cr 含量会使固溶处理后含有部分铁素体组织，且金属间化合物析出的倾向增大，从而降低钢的强度、塑性、韧性及耐蚀性；另外，Cr 还有提高钢的淬透性、降低 M_s 点的作用。在马氏体沉淀硬化不锈钢中铬含量通常控制在 12.5%～17.5%。

Ni 是马氏体沉淀硬化不锈钢中不可或缺的重要元素之一，是强奥氏体形成元素，具有扩大奥氏体相区的作用；Ni 是非碳化物形成元素，主要以固溶形式起到强化作用；Ni 的耐蚀性作用主要体现在使不锈钢的热力学性质更加稳定；Ni 可以起到细晶强化的效果，对改善钢的韧性有积极作用；Ni 可以提高马氏体不锈钢的淬透性，促进马氏体转变的发生；Ni 有利于马氏体中沉淀相的均匀析出，保证了马氏体不锈钢具有良好的塑性变形特性；Ni 还有较强的降低 Ms 点的作用，固溶处理后会增加钢中残余奥氏体的含量，从而导致强度的降低。所以，Ni 含量一般控制在 4%～8% 为宜。

Mn 是奥氏体形成元素，适当的锰含量，保证钢中一定的 MnS，有助于降低钢中 δ-铁素体的含量，提高钢的热加工性能；同时，钢的强度也有一定程度的提高；但是 Mn 含量不宜过高，否则将增加钢中残余奥氏体的含量，并降低马氏体的转变温度。

Cu 是 17-4PH 钢的主要合金元素和强化元素，其主要作用是显著提高钢的二次硬化效应；当 Cu 含量超过 0.75% 时，在固溶处理后的时效过程中，富铜相从基体中弥散沉淀，产生硬化效果；但是，Cu 的含量过多则易产生晶界偏析，降低钢的塑性和韧性，显著降低钢的热加工性能。

Nb 是强碳化物形成元素，能和钢中的 C、N 结合形成 Nb 的碳化物和氮化物，减轻晶界处因 C、N 的析出导致的晶界贫铬，从而提高钢的耐蚀性；同时引起沉淀硬化效应；Nb 在钢中还能形成金属间相，有助于提高钢的强度特别是高温强度；Nb 可以起到细化晶粒的作用，细晶强化效果好；Nb 还具有良好的抗回火性。

Mo 是铁素体形成元素，在钢中引起固溶强化效果。Mo 在马氏体沉淀硬化不锈钢中，Mo 含量低时，形成 M2X 相。Mo 含量高时，形成 Laves 相或 χ 相等，作用是增加时效硬化效果。

（2）马氏体时效不锈钢是发展于 20 世纪 60 年代后期，由低碳（≤0.03%）马氏体相变强化和时效强化两种强化效应叠加而成的一种新型高强度不锈钢。铬含量为 10%～15%，镍含量为 6%～11%（或钴含量为 10%～20%）。在马氏体时效不锈钢中添加的合金元素除了 Cr、Ni、Mo、Cu、Mn、Nb 元素之外，还有 Al、Ti、Co 等元素。

Al 在马氏体时效不锈钢中主要起到时效强化作用；同时，加入 Al 能在钢的表面形成一层致密的氧化膜(Al_2O_3)，可以提高不锈钢抗氧化能力；但当其含量大于 0.15% 时，会形成 Ni_3Al，从而使韧性变坏；因此，铝的含量应小于 0.15%。

Ti 元素在马氏体时效不锈钢进行时效强化时可析出金属间化合物 $\eta-Ni_3Ti$ 相，从而强化基体，起到显著的时效强化作用。但 Ti 的含量过高将导致钢的裂纹敏感性增加，提高钢的脆性断裂倾向，韧性会严重恶化；Ti 含量增加，会降低不锈钢的一般耐蚀性。

Co 是奥氏体形成元素，是能起到提高 M_s 点的很少合金元素之一，可以抵消其他元素降低 Ms 点的反作用，有利于马氏体时效不锈钢固溶后获得全马氏体组织，延缓马氏体向奥氏体的逆转变，使时效硬化效果得到大幅提高；Co 以固溶形式存在于基体中，不与其他元素形成金属间化合物；但 Co 会促进含 Mo 元素金属间化合物（如 Ni_3Mo，Fe_2Mo）的析出，间接起到促进析出强化的作用；Co 可降低基体的堆垛层错能，抑制马氏体中位错亚结构的回复，促进析出强化相形核位置的增多，使晶粒得到细化、组织趋于均匀，保证在提高强度的同时减少对韧性的破坏；但是过高的 Co 含量会促进孪晶的形成，损害韧性性能。另外，Co 作为战略元素资源短缺、价格较高，为了节约资源应尽量降低用量，一般在马氏体时效不锈钢中其含量范围为 12.0% ~ 15.0%。国内研制的典型马氏体时效不锈钢主要有：00Cr13Ni8Mo2NbTi、00Cr12Ni8Cu2A1Nb、00Cr11Ni10Mo2Al、00Cr11Ni10Mo2Ti06Al、00Cr11Ni10Mo2Ti1 等十余种；

（3）超级马氏体不锈钢是在传统马氏体不锈钢的基础上大幅降低钢中 C 含量（≤0.03%），同时加入一定量的 Ni（3.5% ~ 4.5%）和 Mo（1.5% ~ 2.5%），保证钢的硬度、强度得到提高的同时，韧性也得到改善。更重要的是，它还克服了传统马氏体不锈钢在焊接过程中应力裂纹敏感性以及可焊性差等缺点。超级马氏体不锈钢中添加的合金元素主要有 Cr、Ni、Mo、Cu、Mn、Si、Ti、N 等元素。

Si 在不锈钢中主要以固溶体形式固溶于奥氏体和铁素体中，具有固溶强化作用；在强氧化性介质中（如发烟硝酸）或高温条件下，会在表面形成一层富 Si 的氧化膜（SiO_2），对提高钢的高温抗氧化性和耐腐蚀能力有显著作用；Si 是强铁素体形成元素，具有封闭奥氏体相区，提高 A_{c3} 温度的作用；Si 在一般不锈钢中认为是杂质元素，作为合金元素加入，其含量一般不高于 4%；否则，不锈钢的塑、韧性会显著降低，并且焊接性能较差，也会降低耐蚀性能。

N 在马氏体不锈钢中以间隙原子形式存在，作为合金元素通过固溶强化，对位错存在钉扎作用；N 还可以阻止原始奥氏体晶粒长大，控制晶粒尺寸，能显著提高钢的强度；与此同时，并不会对材料的塑、韧性产生不利的影响；N 是强烈的奥氏体形成和稳定元素，且具有强烈地扩大奥氏体相区的作用，在不锈钢中可代替部分甚至是全部的 Ni，起到稳定奥氏体，防止有害金属间化合物析出的作用；并可以避免在冷加工条件下，组织中出现马氏体转变，达到节镍和提高材料性能的双重作用；由于 N 不形成碳化物，主要以金属氮化物的形式存在(如：TiN、VN 等)，形成的氮化物在晶界上析出，可以提高晶界高温强度，从而增加钢的抗蠕变强度；另外，N 对耐点蚀、缝隙腐蚀方面的耐蚀性有提高作用；由于氮强化马氏体不锈钢优越的性能，通常也把它归属于超级马氏体不锈钢范围。近年来，伴随着冶金技术的不断进步，氮强化马氏体不锈钢得到不断发展。

1.1.4　典型马氏体不锈钢的应用

410 马氏体不锈钢，具有一定机械性能、耐蚀性好、抗氧化性好；热处理：30~43HRC；淬火：927~1050℃；回火：520~580℃2 次以上。用途：泵轴、厨房用具、不锈钢餐具、手工具、螺栓螺母等。

410QT 易加工马氏体不锈钢，加工成型性好、一般耐腐蚀。410Q+DT 马氏体不锈钢，具有一定机械性能、耐蚀性好、抗氧化性好；用途：压缩机叶片、泵轴、厨房用具、不锈钢餐具等。

420/420J2 耐腐蚀性较好的马氏体不锈钢，性能与 410 类似。SUS420J2 为日规，对应美规为 420J2。特性：耐蚀性佳、较高的力学性能；淬火：950~1050℃；回火：200~500℃。用途：塑胶模、螺杆、阀门配件、食品器械配件、手术刀、汽车零配件、瓶坯等。

420QT 耐蚀性较好的马氏体不锈钢，性能与 410 类似特性：耐蚀性佳、较高的力学性能。硬度：34HRC；用途：塑胶模、螺杆、阀门配件、食品器械配件、手术刀、汽车零配件、瓶坯等。

420Q+ DT 易加工马氏体不锈钢，加工成型性好、一般耐腐蚀；硬度：226HB；用途：阀门零件、泵轴、加工零件、马达轴、齿轮等。

420MP(ESR)耐蚀性较好的马氏体不锈钢，ESR 熔炼制程生产；耐蚀性佳、韧性较好；淬火：1020~1050℃；回火：200~520℃；硬度：45~55HRC；用途：骨钉、骨科耗材、小型螺钉螺母、小型不锈钢零件等。

420MP(ESR)QT 耐蚀性较好的马氏体不锈钢，ESR 电渣重熔提升了钢材的清净度。特性：耐蚀性佳、韧性较好、清净度佳、光洁度佳；硬度：33HRC；用途：玻璃模具、塑胶模具、镜面模具、螺杆、不锈钢轴件等。

420MP(VAR)QT 耐蚀性较好的马氏体不锈钢，VAR 熔炼制程生产；特性：耐蚀性佳、耐磨耗性能好、具有优良抛光性及镜面性、材质均匀纯度高、清净度优秀；硬度：32HRC；用途：塑胶射出成型模、压铸模具、镜面模具、螺杆等。

430/430C 铁素体系不锈钢，特性：具有较好的耐蚀性，其耐氯化物腐蚀性能优于一般镍铬奥氏体不锈钢；用途：日用装饰配件、轴类零件、耐腐蚀配件等。

431QT 易切削型 4 系马氏体不锈钢；特性：耐蚀性佳、较高的力学性能；用途：阀杆、活塞杆、阀、轴、阀门配件、机械配件等。

431(ESR)QT 马氏体不锈钢，其 ESR 重熔制程提升了钢材的清净度；特性：耐蚀性佳、较高的力学性能、清净度佳；用途：阀杆、活塞杆、阀、轴、阀门配件、机械配件、玻璃模具、塑胶模具等。

440B 可以通过热处理进行强化的马氏体不锈钢，特性：强度较高、耐蚀性佳；硬度：48~54HRC；淬火：1000~1050℃；回火：190~560℃；用途：小型轴、小型工具、医疗器械、手术工具、滚子轴承零件、阀门配件、不锈钢刀具、注塑喷嘴零件。

630 沉淀硬化型马氏体不锈钢，0Cr17Ni4Cu4Nb；硬度：28~47HRC；特性：高强度、耐蚀性好；用途：骨科耗材、精密零件、泵轴、阀门配件等。

1.2 不同动力装置叶片的服役工况

马氏体不锈钢因其相对低廉的价格、良好的机械性能和较好的耐腐蚀性能等特点，而被广泛应用于航空、石油、化工、电力、机械等诸多工业部门。目前，它是动力装置中制造叶片(如汽轮机叶片、工业风机叶片、航空发动机叶片)等零部件的重要材料。

1.2.1 汽轮机叶片

1.2.1.1 简介

叶片是汽轮机的关键零件，又是最精细、最重要的零件之一。它在极苛刻的条件下承受高温、高压、巨大的离心力、蒸汽力、蒸汽激振力、腐蚀和振动以及湿蒸汽区水滴冲蚀的共同作用。其空气动力学性能、加工几何形状、表面粗糙度、安装间隙及运行工况、结垢等因素均影响汽轮机的效率、出力；其结构设计、振动强度及运行方式对机组的安全可靠性起决定性的影响。因此，全世界最著名的几大制造集团无不坚持不懈地作出巨大努力，把最先进的科学技术成果应用于新型叶片的开发，不断推出一代比一代性能更优越的新叶片，以捍卫他们在汽轮机制造领域的先进地位。汽轮机叶片照片如图 1-1 所示。

图 1-1　汽轮机叶片实物照片

我国汽轮机制造行业经历半个世纪的发展，单机容量从几百千瓦发展到百万千瓦等级的超超临界汽轮机，实现了从无到有、从小到大、从仿制、引进到自行设计制造的跨越式的发展。特别是近年来，我国汽轮机行业经过多年的产品结构调整和技术改造，并且采取与国外合资、合作生产等一系列策略，先后从国外引进了 2MW 以下风电技术、超临界和超超临界机组火电技术、E 级和 F 级燃气轮机技术等，使汽轮机行业的产品品种和容量等级得到了大幅提升，汽轮机已由 300MW、600MW 亚临界到 600MW、1000MW 超临界、超超临界；燃气轮机从 36MW 到 250MW 等级；火电空冷机组到 600MW。行业整体生产技术条件和技术装备水平已基本达到国外同行的先进水平，在生产能力上已经进入制造大国的行列。目前，汽轮机产品已有出口订单在 60 多亿元，20000MW 以上，出口产品已扩展到 300MW、600MW 等大容量、高参数机组。

随着我国电站汽轮机大容量化，叶片的安全可靠性和保持其高效率愈显得重要。对于 300 MW 及 600MW 机组，每级叶片转换的功率高达 10MW 乃至 20 MW 左右，即使叶片发生轻微的损伤，所引起的汽轮机和整台火电机组的热经济性和安全可靠性的降低也是不容忽视的。例如，由于结垢使高压第 1 级喷嘴面积减少 10%，机组的出力会减少 3%。由于外来硬质异物打击叶片损伤以及固体粒子侵蚀叶片损伤，视其严重程度都可能使级效率降低 1%～3%。如果叶片发生断裂，其后果是：轻的引起机组振动、通流部分动、静摩擦，同时损失效率；严重的会引起强迫停机，有时为更换叶片或修理被损坏的转子、静子需要几周到几个月时间。在某些情况下由于叶片损坏没有被及时发现或及时处理，引起事故扩大至整台机组或由于末级叶片断裂引起机组不平衡振动，可能导致整台机组毁坏，其经济损失将以亿计，这样的例子，国内外并不罕见。

由多年积累的经验证明，每当有一大批新型汽轮机投入运行以后或在电力供需不平衡出现汽轮机在偏离设计工况长期运行时，由设计、制造、安装、检修以及运行不当等方面的原因引起的叶片故障损伤便会充分暴露出来。如上所述我国电站大型汽轮机装机连续十余年迅速增加，开始出现某些地区的大机组长期带低负荷运行的新情况，因此，很有必要及时调查研究、分析、总结叶片尤其是末级和调节级叶片发生的各种损伤并寻找规律，以期制定防范、改进措施，避免发生大的损失。

1.2.1.2 要求

汽轮机叶片受高温高压蒸汽的作用，工作中承受着较大的弯矩，高速运转中的动叶片还要承受很高的离心力；处于湿热汽区的叶片，特别是末级，不但经受电化学腐蚀及水滴冲蚀，动叶片还要承受很复杂的激振力。因此，叶片用钢应满足以下要求：有足够的室温、高温力学性能和抗蠕变性能；有高的抗振动衰减能力；高的组织稳定性；良好的耐腐蚀和抗冲蚀能力；良好的工艺性能。

1.2.1.3 服役工况及失效形式

通过对十余个电厂叶片运行状况的调研及收集有关叶片运行资料，分析了上海汽轮机有限公司、哈尔滨汽轮机有限责任公司、东方汽轮机厂（简称上汽、哈汽、东汽）等国产以及从美国、日本和欧洲一些国家引进的300MW以上亚临界及超临界压力大功率汽轮机部分叶片故障。这些机组低压级叶片在实际运行过程中，由于种种原因在叶片、叶根、拉筋、围带及司太立合金片等部位经常发生故障，末级叶片的水冲蚀损伤相当普遍。这些故障基本上全面反映了我国大功率汽轮机叶片的现状。

末级叶片型线下部出汽边的水冲蚀损伤是200MW、300MW及600MW以上等大型汽轮机的共同问题。以往665mm、680mm、700mm叶片的出汽边都有明显的水冲蚀，而如今869mm、900mm、1000mm叶片以及进口机组的660mm、851mm等叶片出汽边也不同程度地出现水冲蚀损伤，末级叶片出汽边的水冲蚀损伤已成为影响大机组安全运行的普遍问题，应给予高度重视。

出汽边水冲蚀所造成的后果不仅使叶栅的气动性能恶化、级效率降低，更严重的是对汽轮机的安全运行造成威胁。水冲蚀形成的锯齿状毛刺造成应力集中以及减小叶型根部截面的面积，还会影响到叶片的振动特性，大大地削弱叶片的强度，这就增加了末级叶片断裂的危险性。

1.2.2 工业风机叶片

1.2.2.1 简介

工业风机是指专门用于隧道、地下车库、高级民用建筑、冶金、厂矿等场所的通风换气及消防高温排烟的风机，如图1-2所示。主要由叶轮、机壳、进口集流器、导流片、电动机等部件组成。制冷高效冷风机的关键部件冷却盘管由设计先进的翅片片形和换热管组成，采用胀管新工艺，先进的迎出风面变片距设计结构，换热管交错排列，保证了气流组织完善，布风均匀合理，实现了高效换热；不易结霜，且除霜高效、简单。

图 1-2 工业风机叶片实物照片

1.2.2.2 分类

工业风机按照应用环境划分，大致有以下类型：离心压缩机、电站风机、一般离心通风机、一般轴流通风机、罗茨鼓风机、污水处理风机、高温风机、空调风机、消防风机、矿井风机、烟草风机、粮食风机、船用风机、排尘风机、屋顶风机和锅炉鼓引风机。

例如煤矿地面用防爆抽出式对旋轴流通风机，该风机是处于国内领先水平的最新节能型轴流式主通风机，它可应用于煤矿、金属矿、化学矿、隧道和人防工程的通风，也可广泛适用于冶金、化工、纺织、建材等行业的通风换气。该风机的性能特点：该系列属高效、节能、低噪、大风量的通风机。该系列风机的驼峰区狭窄且风压较平稳，气流喘振现象微弱，风流稳定。该系列风机高效区范围宽广，可适应矿井生产变化，通风参数改变时仍保持在较高效率情况下运行。根据生产需要，对旋风机也可单机运行，对旋风机与单机运转相比可增加风量 45% ~ 70%，增加风压 100% ~ 192%；与串联运转相比，风量增加约 20%，风压增加约 50%。风机采用反转反风，反风量可达正常风量的 60% ~ 80%。叶片为可调节结构，可根据不同工况点调节叶片角度，保持风机在高效区运行。

又如消防高温排烟轴流风机，该系列风机为消防排烟专用风机，同时也可做高层建筑、厂房、库房等通风及其他高温工况下的通风使用，按用途不同分为排烟系列（单速）及排烟/通风系列（双速）。但气体中杂质应不超过 100mg/m^3。主要应用于化学工业、汽车工业、船舶工业、矿山和冶金、食品工业、电气和电子、核电发电站、燃气轮机、高炉抽风机、烟草工业、造纸工业、隧道风机、农业风机、制糖工业、水泥厂、玻璃制造工业等。以上各行业中包括干燥设备、空调、灰尘和烟气排出、喷涂间的通风、锅炉和各种炼炉及窑的燃烧气体抽出装置。

1.2.2.3 服役工况及失效形式

大部分离心工业风机在含颗粒的气-固两相流体介质中工作，气流中的颗粒会与风机叶片表面发生碰撞产生冲蚀，导致叶片磨损失效。空气中的颗粒在风力和重力的影响下，会在不同高度以不同粒径、速度和角度对风机叶片进行冲蚀，造成工业风机叶片冲蚀磨损的多样化。另外，外界其他工况条件如高温、潮湿水汽、振动等也会对工业风机叶片的失效起到加速作用，使得风机叶片的冲蚀加剧；叶片除受到来自迎风面的风力冲蚀之外，还有其自转所产生的径向风力冲蚀，因此对叶片关键部位防腐涂层的要求非常严格，而防腐涂层涂覆过程中不可避免的会产生一些氧化物杂质，这些杂质大大降低了防腐涂层的抗冲蚀性能。

随着叶片冲蚀的加剧将会造成：叶片表层出现砂眼——形成麻面——防护层损伤或脱落——砂眼大小急剧扩大——通腔砂眼——叶片断裂。同时，因防护层损伤或脱落后，叶片的固合缝将裸露在外界环境下，在风力的持续冲蚀下，各种污物附着其上，导致腐蚀协同作用的概率显著增加。而且因为叶片的自身厚度有限，风力会将固合缝冲蚀得越来越薄最后到其极限时，叶片的弯扭自振都会使得叶片断裂。目前提高离心工业风机叶片耐磨性的措施是对叶片表面进行适当的耐磨处理，或者采用耐磨性好的材料制作风机叶片。

1.2.3 航空发动机叶片

1.2.3.1 简介

航空发动机（Aero-engine）是一种高度复杂和精密的热力机械，作为飞机的心脏，不仅是飞机飞行的动力，也是促进航空事业发展的重要推动力，如图 1-3 所示。航空发动机的百年历史大致可分为两个时期。第一个时期从莱特兄弟的首次飞行开始到第二次世界大战结束为止。在这个时期内，活塞式发动机统治了 40 年左右。第二个时期从第

图 1-3　航空发动机实物照片

二次世界大战结束至今。60年来，航空燃气涡轮发动机取代了活塞式发动机，开创了喷气时代，居航空动力的主导地位。

对航空发动机而言，最先使用的就是活塞式发动机，其工作原理是指活塞承载燃气压力，在气缸中进行反复运动，并依据连杆将这种运动转变为曲轴的旋转活动。在20世纪初期，莱特兄弟将一台4缸、水平直列式水冷发动机改装后，成功用到了"飞行者一号"飞机上，完成了飞行试验。这也是人类历史上第一次具有动力、可以载人、平稳运行、可操作的飞行器成功飞行。而后，在第二次世界大战中，活塞式发动机得到了技术革新，优化了发动机的性能和运行效率，从以往不到10kW提升到了2500kW左右，耗油量从0.5kg/(kW·h)减少到0.25kg/(kW·h)左右。与此同时，整改之后的运行时间从传统意义上的十几个小时增加到了2000~3000个小时。一直到第二次世界大战结束后，活塞式发动机的技术已经非常娴熟。

活塞式发动机主要由气缸、活塞、连杆、曲轴、气门机构、螺旋桨减速器、机匣等组成。气缸是混合气(汽油和空气)进行燃烧的地方。气缸内容纳活塞作往复运动。气缸头上装有点燃混合气的电火花塞(俗称电嘴)，以及进、排气门。发动机工作时气缸温度很高，所以气缸外壁上有许多散热片，用以扩大散热面积。气缸在发动机壳体(机匣)上的排列形式多为星形或V形。常见的星形发动机有5个、7个、9个、14个、18个或24个气缸不等。在单缸容积相同的情况下，气缸数目越多发动机功率越大。活塞承受燃气压力在气缸内作往复运动，并通过连杆将这种运动转变成曲轴的旋转运动。连杆用来连接活塞和曲轴。曲轴是发动机输出功率的部件。曲轴转动时，通过减速器带动螺旋桨转动而产生拉力。除此之外，曲轴还要带动一些附件(如各种油泵、发电机等)。气门机构用来控制进气门、排气门定时打开和关闭。

在第二次世界大战结束后，由于涡轮喷气发动机的发明而开创了喷气时代，活塞式发动机逐步退出主要航空领域，但功率小于370kW的水平对缸活塞式发动机仍广泛应用在轻型低速飞机和直升机上，如行政机、农林机、勘探机、体育运动机、私人飞机和各种无人机，旋转活塞发动机在无人机上崭露头角，而且美国NASA还正在发展用航空煤油的新型二冲程柴油机供下一代小型通用飞机使用。

20世纪30年代后期到40年代初，喷气发动机在英国和德国的诞生，开创了喷气推进新时代和航空事业的新纪元。现代涡轮喷气发动机的结构由进气道、压气机、燃烧室、涡轮和尾喷管组成，战斗机的涡轮和尾喷管间还有加力燃烧室。涡轮喷气发动机仍属于热机的一种，就必须遵循热机的做功原则：在高压下输入能量，低压下释放能量。因此，从产生输出能量的原理上讲，喷气式发动机和活塞式发动机是相同的，都需要有进气、加压、燃烧和排气这四个阶段，不同的是，在活塞式发动机中这四个阶段是分时依次进行的，但在喷气发动机中则是连续进行的，气体依次流经喷气发动机的各个部分，就对应着活塞式发动机的四个工作位置。

空气首先进入的是发动机的进气道，当飞机飞行时，可以看作气流以飞行速度流向发动机，由于飞机飞行的速度是变化的，而压气机适应的来流速度是有一定的范围的，因而进气道的功能就是通过可调管道，将来流调整为合适的速度。在超音速飞行时，在进气道前和进气道内气流速度减至亚音速，此时气流的滞止可使压力升高十几倍甚至几十倍，大大超过压气机中的压力提高倍数，因而产生了单靠速度冲压，不需压气机的冲压喷气发动机。进气道后的压气机是专门用来提高气流的压力的，空气流过压气机时，压气机工作叶片对气流做功，使气流的压力、温度升高。在亚音速时，压气机是气流增压的主要部件。从燃烧室流出的高温高压燃气，流过同压气机装在同一条轴上的涡轮。燃气的部分内能在涡轮中膨胀转化为机械能，带动压气机旋转，在涡轮喷气发动机中，气流在涡轮中膨胀所做的功正好等于压气机压缩空气所消耗的功以及传动附件克服摩擦所需的功。经过燃烧后，涡轮前的燃气能量大大增加，因而在涡轮中的膨胀比远小于压气机中的压缩比，涡轮出口处的压力和温度都比压气机进口高很多，发动机的推力就是这一部分燃气的能量而来的。从涡轮中流出的高温高压燃气，在尾喷管中继续膨胀，以高速沿发动机轴向从喷口向后排出。这一速度比气流进入发动机的速度大得多，使发动机获得了反作用的推力。

随着喷气技术的发展，涡轮喷气发动机的缺点也越来越突出，那就是在低速下耗油量大，效率较低，使飞机的航程变得很短。尽管这对于执行防空任务的高速战斗机还并不十分严重，但若用在对经济性有严格要求的亚音速民用运输机上却是不可接受的。为了提高喷气发动机的热效率和推进效率，出现了涡轮风扇发动机。这种发动机在涡轮喷气发动机的基础上增加了几级涡轮，并由这些涡轮带动一排或几排风扇，风扇后的气流分为两部分，一部分进入压气机（内涵道），另一部分则不经过燃烧，直接排到空气中（外涵道）。由于涡轮风扇发动机一部分的燃气能量被用来带动前端的风扇，因此降低了排气速度，提高了推进效率，而且，如果为提高热效率而提高涡轮前温度后，可以通过调整涡轮结构参数和增大风扇直径，使更多的燃气能量经风扇传递到外涵道，就不会增加排气速度。这样，对于涡轮风扇发动机来讲，热效率和推进效率不再矛盾，只要结构和材料允许，提高涡轮前温度总是有利的。航空用涡轮风扇发动机主要分两类，即不加力式涡轮风扇发动机和加力式涡轮风扇发动机。前者主要用于高亚音速运输机，后者主要用于歼击机，由于用途不同，这两类发动机的结构参数也大不相同。

经过百余年的发展，航空发动机已经发展成为可靠性极高的成熟产品，正在使用的航空发动机包括涡轮喷气/涡轮风扇发动机、涡轮轴/涡轮螺旋桨发动机、冲压式发动机和活塞式发动机等多种类型，不仅作为各种用途的军民用飞机、无人机和巡航导弹动力，而且利用航空发动机派生发展的燃气轮机还被广泛用于地面发电、船用动力、移动电站、天然气和石油管线泵站等领域。

1.2.3.2　航空发动机叶片

航空发动机被誉为"飞机的心脏"，而航空发动机叶片却是"心脏中的心脏"，如图1-4所示。

航空发动机叶片主要包括风扇叶片、压气机叶片和涡轮叶片三大部分。风扇叶片早期用钛合金材料，不过现在多采用混合的，即中间是复合材料做的芯，外面包钛合金。压气机前面级用钛合金或阻燃钛合金，后面级用高温合金。涡轮叶片经历了普通铸造到定向结晶再到单晶叶片，材料都是镍基高温合金或陶瓷基的材料。

图1-4　航空发动机叶片实物照片

压气机与涡轮都是由转子和静子构成，静子由内、外机匣和导向（整流）叶片构成；转子由叶片盘、轴及轴承构成，其中叶片数量最多。无论是压气机叶片还是涡轮叶片，它们都是飞机发动机动力的来源，这些叶片通过对气体周期性的压缩和膨胀，来产生强大的动力，推动飞机高效前进。

压气机叶片含风扇叶片属于冷端部件的零件，除最后几级由于高压下与气体的摩擦产生熵增而使温度升高到约600K(327℃)，其余温度不高，进口处在高空还需防结冰。工作前面几级由于叶片长以离心负荷为主，后面几级由于温度以热负荷为主。总之，压气机叶片使用寿命较长。叶片使用的材料一般为铝合金、钛合金、铁基不锈钢等。例如，1Cr17Ni2是一种有广泛用途的马氏体-铁素体不锈钢，常用作燃气涡轮喷气发动机的压气机叶片。

涡轮是在燃烧室后面的一个高温部件，燃烧室排出的高温高压燃气流经流道流过涡轮，所有叶片恰好都是暴露在流道中必须承受约 1000°C 的高温和 1MPa 以上高压燃气的冲刷下能正常工作。因此叶片应有足够的耐高温和高压的强度。涡轮叶片的使用寿命远低于压气机叶片约 2500h。

1.2.3.3　服役工况及失效形式

航空燃气涡轮发动机中，各种叶片(风扇、压气机、涡轮的转子叶片与静子叶片)不仅数量大(一般为 3000~4000 件，甚至更多)，而且要求高，它们的工作好坏对发动机性能的影响极大；当它们出现故障后，对发动机的可靠性与耐久性的影响也是极大的。另一方面，叶片的工作条件十分恶劣，它的叶尖切线速度大(例如 GE90 高压压气机叶尖切线速度为 455m/s)，所承受的离心负荷大；对于涡轮工作叶片，还要承受高温；叶片薄而长，特别是风扇叶片，在工作中会出现震动和颤振问题；风扇叶片处于发动机进气口处，容易被发动机吸入的外来物(沙石、冰块、鸟等)打伤；流入发动机的空气往往会含有沙尘，这些沙尘会磨蚀叶片表面；高温燃气中的某些杂质(例如硫)会对涡轮叶片造成腐蚀；沙尘如果进入涡轮工作叶片使冷却通道堵塞，会立即使叶片超温导致损坏等。航空发动机叶片长期在恶劣的高温、高压、氧化腐蚀性气氛中工作，因而在使用中航空发动机叶片出现故障的频率很高，主要失效形式包括：腐蚀、侵蚀/磨损、裂纹/撞击损伤等。

第2章

叶片的冲蚀行为和疲劳性能

叶片运转时，会同时受到多种载荷的作用，如自身的离心拉应力、气流产生的弯曲交变应力及气流扰动引起的振动应力等，因此疲劳断裂也是其重要的失效行为，并受到高度重视。另外，尽管马氏体不锈钢在一般使用环境下具有较好的耐腐蚀性能，但是在某些特殊工况下，由于腐蚀介质和固体粒子同时存在，会引起腐蚀与冲蚀的协同破坏［冲刷腐蚀（Corrosion Erosion，CE）］，致使转动部件过早失效。如沿海执行任务的飞机发动机叶片会承受海雾的加速腐蚀；钢厂、矿山和火电厂等部门使用的工业风机叶片会承受 CO、CO_2、SO_2、H_2S 等潮湿大气的加速腐蚀等，因此，其耐腐蚀性能和抗冲刷腐蚀性能均需要保证。为此，研究有效提高马氏体不锈钢的 SPE 抗力，且同时兼顾其抗疲劳、耐腐蚀和抗冲刷腐蚀性能的防护技术，对发展高性能、长寿命的工业动力装置和航空发动机等意义重大。

2.1 叶片的冲蚀行为

2.1.1 冲蚀的定义

冲蚀（Erosion）是指材料受到小而松散的流动粒子冲击时表面出现的一类磨损现象。冲蚀广泛存在于机械、冶金、能源、建材、航空、航天等许多工业部门，已成为材料破坏或设备失效的重要原因之一。

根据介质可将冲蚀分为两大类：气液喷砂型冲蚀及液流或水滴型冲蚀。流动介质中携带的第二相可以是固体粒子、液滴或气泡，它们有的直接冲击材料表面，有的则在表面上溃灭（气泡），从而对材料表面施加机械力。如果按流动介质及第二相排列组合，则可把冲蚀分为四种类型。表 2-1 是冲蚀分类及实例。

（1）气流喷砂型冲蚀［又称固体粒子冲蚀（Solid Particle Erosion，SPE）］，通常是指高速气体携带大量尺寸小于 $1000\mu m$ 的固体颗粒以一定的速度和角度对材料表面进行冲击，发生材料损耗的一种现象或过程，冲击速率一般在 550m/s 以内，即气体介质携带固体颗粒对材料的冲蚀，其工程实例为烟气轮机、锅炉管道等出现的破坏；

（2）液滴冲蚀（又称雨蚀），即气体介质携带液滴对材料的冲蚀，其工程实例为高速飞行器、汽轮机叶片出现的破坏等；

（3）泥浆（又称料浆）冲蚀，即液体介质携带固体颗粒对材料的冲蚀，其工程实例如水轮机叶片、泥浆泵叶轮出现的破坏；

（4）气蚀（又称空泡腐蚀），即液体介质携带气泡对材料的冲蚀，工程实例如船用螺旋桨、高压阀门密封面出现的破坏。

表 2-1　冲蚀分类及实例

冲蚀类型	介质	第二相	损坏实例
气固冲蚀	气体	固体粒子	烟气轮机、管道
液滴冲蚀		液滴	高速飞行器、汽轮机叶片
泥浆冲蚀	液体	固体粒子	水轮机叶片、泥浆泵轮
气蚀（空泡腐蚀）		气泡	船用螺旋桨、高压阀门密封面

另外，还有一些研究人员将冲蚀分为六种类型，除了以上四种类型的两相流冲蚀外，将两种三相流冲蚀也纳入进来，即气体介质同时携带液滴和固体颗粒对材料的冲蚀，以及液体介质同时携带气泡和固体颗粒对材料的冲蚀。这两种三相流冲蚀在工程中也较为常见，但情况更加复杂，目前相关研究及报道较少。

2.1.2　工程中常见的冲蚀现象

工程中存在的冲蚀破坏现象随处可见。最引人注意的是那些造成严重破坏并与生产实际有密切联系的冲蚀现象。例如，空气中的尘埃和沙粒如果入侵到直升机发动机内，可降低其寿命90%，一个轴功率为735.5kW的发动机会因吸入6kg沙土粒而发生严重破坏；压缩机叶片的导缘只要有极少量材料冲蚀出现，0.05mm的缝隙便能引起局部失速；气流运输物料管路中弯头的冲蚀可能大于直管段的50倍，即使输送木屑一类软质物料，钢制弯头的寿命也只有3~4个月。石油化工厂烟气发电设备中，烟气携带的破碎催化剂粉粒对回收过热气流能进的涡轮叶片也会造成冲蚀。火力发电厂粉煤锅炉燃烧尾气对换热器管路的冲蚀而造成破坏大致占管路破坏的1/3，其最低寿命只有16000h。属于高温高速气流对材料的冲蚀还有火箭喷管喉衬、用粉煤作燃料的燃气涡轮发动机等。上面涉及的是气流携带固体粒子冲击固体表面产生冲蚀的例子，即固体粒子冲蚀。

另一类冲蚀是由液体介质携带固体粒子冲击到材料表面而产生的，称为泥浆冲蚀。其典型例子是水轮机叶片在我国多泥沙河流中受到的冲蚀。建筑行业、石油钻探、煤矿开采、冶金矿山选矿场中及火力发电站中使用的泥浆泵、杂质泵的过流部件也受到严重的冲蚀。在煤炭的气化、液化（煤油浆、煤水浆的制备）、输送及燃烧中均碰见大量材料的冲蚀问题。一些先进的流程和设计能否成为现实，甚至以能否完满地解决材料或部件的冲蚀为基础。此外，这类冲蚀问题还和农田水利建设有关，水轮机叶片的破坏也包括这类冲蚀作用，因而其涉及面之广与固体粒子冲蚀相当。

高速飞行器穿过雨区时，会受到水滴的冲击，这方面的问题大约在 20 世纪 40 年代中期开始引起人们的注意。如在暴风雨中飞行的飞机迎风而上首先出现漆层剥落，同时材料表面也出现破坏痕迹。飞行速度达 160m/s，降雨量为 25mm/h 时，塑料、玻璃及其制品如防风罩、红外窗等，甚至陶瓷制品如雷达天线罩均不同程度地受到雨滴冲蚀。问题还在于飞机导航的雷达天线罩必须是低介电损失材料做成，不能应用金属材料，只能选用非金属、高分子聚合物及陶瓷等，它们的抗液滴冲蚀能力往往成为选材的一项重要指标。

蒸汽轮机叶片在高温过热蒸汽中运行时，会出现水滴冲蚀，它主要发生在末级叶片上，这时蒸汽中可能含有 10% ~ 15% 的水滴。高速转动叶片背面的导缘受到水滴冲击，其速度差不多和叶片运行的线速度相当。经过一段时间后，叶片上会出现小的冲蚀坑，从而降低汽轮机效率，这种破坏随蒸汽中水滴量的增加而加剧，最后只能更换所有的叶片。

另一类水滴冲蚀问题是导弹飞行穿过大气层及雨区发生的雨蚀现象，即 1000 ~ 8000m/s 速度范围内水滴对材料的冲击。在导弹的鼻锥、防热罩、载人飞行器的迎风面上，只要受到高速的单颗液滴冲击便会立刻出现蚀坑，多个蚀坑的交织会造成材料的流失。这类高速液滴冲击造成材料表面损坏的现象称为雨蚀或液滴冲蚀。

还有一类出现在水力机械上的冲蚀现象是因为低压流动液体中，溶解的气体或蒸发的气泡形成和溃灭时造成的，即所谓汽蚀性冲蚀。船用螺旋桨、水泵叶轮、输送液体的管线阀门，甚至柴油机汽缸套外壁扫冷却水接触部位过窄的流道处经常可见到汽蚀破坏。人们对汽蚀的注意是在 19 世纪末期，航海事业发展要求研制高速舰船以后，因为一艘新船的推进螺旋桨使用两三个月后便出现深达 50 ~ 70mm 的气蚀坑。在原子核电站中，也发现液体金属工作介质对反应堆及换热器部件的气蚀性冲蚀。因此除了水力机械外，流动介质工作系统中也出现气蚀破坏。

具体工程项目中往往同时存在几种磨损形式，其中也包括冲蚀破坏，且难以严格区别开。目前材料摩擦磨损研究的传统试验方法和已有的理论均不能对冲蚀做全面的描述和解释，因此无论从实际出发还是根据摩擦学对磨损的分类，冲蚀问题一般都以相对独立的地位出现在材料磨损领域中。

按英国科学家 Eyre 的统计，冲蚀约占工业生产中磨损破坏总数的 8%。据不完全统计：如果飞机常在多尘地区飞行，由于冲蚀作用将会造成飞机发动机的使用寿命缩短为正常寿命的 10% 左右；而在各类锅炉事故中，因锅炉冲蚀破损发生故障的占到33%；泥浆泵、杂质泵中输送部件受冲蚀而造成的损坏更是占到了50%左右。因此对冲蚀行为的研究，是提高工业设备和材料使用寿命的关键所在。

2.1.3 冲蚀理论

2.1.3.1 固体粒子冲蚀理论

在人们已知的材料失效的三大原因（断裂、腐蚀和磨损）中，磨损的研究起步较晚，而其中关于冲蚀的研究到20世纪初期才被提出。研究者们通过大量室内实验和理论分析提出了一系列关于冲蚀的理论模型，试图解释或预测材料的冲蚀行为，但半个多世纪过去了，到目前为止仍未能建立起较完整的材料冲蚀理论。

1958年，I. Frinnie发表了冲蚀的微切削模型，阐明了刚性粒子入射到塑性材料表面造成冲蚀的机理，这是第一个较完满的冲蚀机理模型。M. Hutchings等借助高速摄像机，仔细观察高速球形或正立方块入射体冲击到材料表面的运动轨迹，提出了犁削型冲蚀和切削型冲蚀两种破坏形式。Budinski在此基础上总结了各种冲蚀坑形貌后提出了四种单颗粒冲蚀形式：点坑、犁削、铲削和切片。20世纪70年代中期出现了冲蚀绝热剪切理论，其有影响的代表人物是P. G. Shewmon，该模型是以冲蚀过程中流失的材料屑或变形部分形成交错剪切带为依据，这些剪切带只有在高于临界应变时才会出现。1978年后，A. V. Levy总结用SEM观察高攻角冲击塑性材料磨痕和磨屑的结果，测定冲蚀率随冲蚀时间的变化规律，从而提出了延性金属冲蚀的挤压-锻造理论，并命名为"冲蚀成片理论"。他认为冲蚀是粒子对固体表面的锻造过程，在该过程中，塑性金属表面及近表层的加工硬化区是导致磨屑成片脱离母体的根本原因。以上几种理论仅能解释固体粒子对材料，特别是塑性材料表面造成的冲蚀破坏现象，能在一定范围内解释实验现象，但各种模型都存在一定的局限性，有待进一步修正和完善。

（1）微切削理论

Finnie于1958年首先提出塑性材料的切削理论，他认为磨粒如一把微型刀具，当它划过靶材表面时，便把材料切除而产生磨损。该模型假设一颗多角形磨粒，质量为m，以一定速度v，攻角α冲击到靶材的表面。由理论分析得出冲蚀磨损量V随入射角α变化的表达式为：

$$V = K \frac{mv^2}{p} f(\alpha) \tag{2-1}$$

$$f(\alpha) = \begin{cases} \sin 2\alpha - 3\sin^2\alpha \ (\alpha \leq 18.5°) \\ \dfrac{\cos^2\alpha}{3} \ (\alpha \geq 18.5°) \end{cases} \tag{2-2}$$

式中，p 为靶材流动应力，K 为常数。经试验验证，该模型很好地解释了塑性材料在多角形硬磨粒、低冲击角下（$\alpha_{max} = 16.84°$）的磨损规律。但对于塑性不很典型的一般工程材料、脆性材料、非多角形磨粒（球形磨粒）、冲角较大（特别是冲角 $\alpha = 90°$）的冲蚀磨损则存在较大的误差。

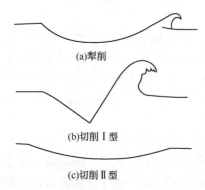

(a)犁削

(b)切削 I 型

(c)切削 II 型

图 2-1　几种典型冲蚀坑侧切面示意图

（2）基于单点冲蚀的切削模型

M. Hutchings 等用高速摄影法观察单个球形粒子及立方粒子以 30° 攻角冲击金属表面的情况，根据实验结果提出犁削和两种切削模型，示意图见图 2-1。

M. Hutchings 只做了低攻角下的单颗粒实验，其他的一些实验观察表明，多角粒子也不易出现上述典型情况。Budinski 将单点冲蚀划分为四类，主要针对多角粒子：（a）点状蚀坑型冲蚀（Pitting），类似于硬度压头的对称性菱锥体粒子正面冲击造成的；（b）犁削（plowing），类似于犁对土地造成的沟，凹坑的长度大于宽度，材料被挤到沟侧面；（c）铲削（Shoveling），在凹坑出口端堆积材料而铲痕两侧几乎不出现变形；（d）切片（Chipping），凹坑浅，由粒子斜掠而造成的痕迹。四种基本类型的示意图如图 2-2 所示。

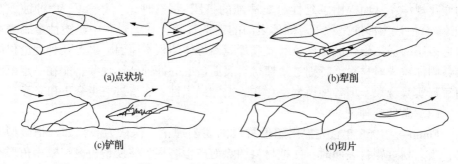

(a)点状坑　　　　　　　　　　　　　(b)犁削

(c)铲削　　　　　　　　　　　　　(d)切片

图 2-2　冲蚀破坏的四种基本类型

（3）锻造挤压理论

锻造挤压理论也叫"成片"（Platelet）理论，是由 Levy 在大量实验的基础上提出来的。Levy 等使用分步冲蚀试验法和单颗粒寻迹法研究冲蚀磨损的动态过程。他们发现，无论是大攻角（90°）还是小攻角的冲蚀磨损，由于磨粒的不断冲击，使靶材表面材料不断地受到挤压，于是产生小的、薄的、高度变形的唇片。形成唇片的大应变，出现在很薄的表面层中，该表面层由于绝热剪切变形而被加热到

(接近于)金属的退火温度,于是形成一个软的表面层,其下面有一个由于材料塑性变形而产生的加工硬化区。这个硬的次表层一旦形成,将会对表面层唇片的形成起促进作用。在反复的冲击和挤压变形作用下,靶材表面形成的唇片将从材料表面上剥落下来。

简而言之,冲击时粒子对靶面施加挤压力,使靶材出现凹坑及凸起的唇片,随后粒子对唇片进行"锻打",在严重的塑性变形后,靶材呈片屑状脱落从表面流失。该理论较好地解释了显微切削模型难以解释的现象,是当前塑性材料冲击磨损中一种很有前途的理论。图 2-3 为镀铜钢靶在冲蚀中形成片屑的设想模型。

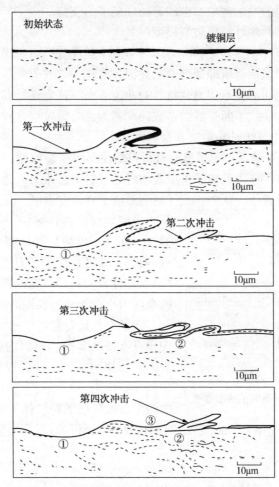

图 2-3　镀铜钢靶在冲蚀中形成片屑的设想模型

注:①冲蚀坑 ②唇片再受冲蚀 ③唇片叠加

（4）变形磨损理论

Bitter 于 1963 年提出固体粒子冲蚀可分为变形磨损和切削磨损两部分。他认为，90°冲击角下的冲蚀磨损和粒子冲击时靶材的变形有关。冲蚀破坏是力学因素造成的，存在亚表面层裂纹成核长大及屑片脱离母体的过程。他认为反复冲击产生加工硬化，并提高材料的弹性极限，粒子冲击平面靶的冲击应力（σ）小于靶材屈服强度（σ_s）时，靶材只发生弹性变形；当 $\sigma > \sigma_s$ 时，形成裂纹，靶材产生弹性和塑性两种变形。基于冲蚀过程中的能量平衡，推导出变形磨损量和切削磨损量，总磨损量为两者之和。该理论在单颗粒冲蚀磨损试验机上得到了验证，可较好地解释塑性材料的冲蚀现象，但缺乏物理模型的支持。

（5）脆性材料弹塑性压痕破裂模型

脆性材料是那些在受到足够应力作用不发生塑性变形而出现裂纹并很快脆性断裂的材料。发展脆性材料冲蚀理论的关键在于建立裂纹萌生及扩展与粒子入射速度、靶材性能之间的关系。脆性材料的冲蚀磨损，首先在材料表面有缺陷的地方产生裂纹，然后裂纹不断扩展而形成碎片剥落。当磨粒尺寸较大时，磨损量随冲角的增大而增加，90°冲角时磨损量最大。

1979 年，Evans 等人提出了脆性材料弹塑性压痕破裂模型，假定球粒透入靶面不发生破坏，接触压力是粒子击中表面时建立的动态压力，透入深度决定于接触时间及平均界面速率。认为压痕区域下形成了弹性变形区，在持续载荷的作用下，中间裂纹从弹性区向下扩展，形成径向裂纹。同时，当最初的载荷超过中间裂纹扩展的极限值时（储备了足够高的弹性应变能），即使没有持续载荷的作用，材料内部的残余应力也会导致裂纹横向扩展（图 2-4）。

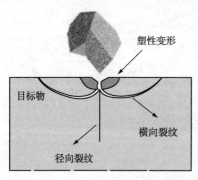

图 2-4　脆性材料单粒子冲击模型

在最初的负荷超过中间裂纹的门槛值时，即使没有持续负荷，材料的残余应力也会导致横向裂纹的扩展。他们根据冲击中接触力包括动态应力，粒子透入靶面时不产生破坏的假定，推导出的材料体积冲蚀量 W 与入射粒子尺寸 r、入射速率 v_0、密度 ρ、材料硬度 H 及材料临界应力强度因子 K_c 之间存在如下关系：

$$W \propto v_0^{3.2} r^{3.7} \rho^{1.58} K_c^{-1.3} H^{-0.26} \tag{2-3}$$

依据 Evans 提出的静态加载下断裂的门槛值理论及对弹塑性假设的计算，开始发生断裂的临界速率 V_c 可以由下式确定：

$$V_c \propto K_c^3 H^{-2.5} \tag{2-4}$$

总而言之，V_c 和 K_c、H 之间有强烈的依赖关系。

当脆性材料被单个尖锐形状的粒子冲击时，接触区域高的压应力和剪切应力导致发生塑性变形和裂纹萌生。在冲击之后，塑性变形引入的强大张应力导致了横向裂纹的萌生，从而使材料剥离。对脆性材料冲蚀的严重程度是由横向裂纹层的深度决定的；横向裂纹形式的产生是由于塑性变形区和弹性变形环境之间应变不匹配造成的巨大张应力所致。自包含着裂纹萌生和增殖的脆性材料冲蚀开始，断裂韧性影响冲蚀抗力的重要特性就显现出来。

通过对陶瓷等脆性材料的大量研究，结果表明：入射粒子的动能在垂直材料表面方向上的分量是影响脆性材料冲蚀率的外在的重要因素。材料的断裂韧性和硬度是决定脆性材料的冲蚀率的内在因素，特别是材料的断裂韧性起到非常关键性的作用。在对入射粒径与脆性材料冲蚀关系的研究中发现，不仅冲蚀率随入射粒子的粒径减小而降低，而且冲蚀率与入射角的关系曲线也转变为韧性材料的冲蚀曲线形状。这表明入射粒子的粒径降低到一定尺寸后，材料的冲蚀机制也发生了变化。

相对于塑性材料冲蚀理论而言，脆性材料冲蚀理论起步比较晚，目前较有影响的是 Evans 等提出的弹塑性压痕破裂理论。大量试验证明，该理论很好地反映了靶材和磨粒对冲蚀磨损的影响，试验值和理论值也较吻合，但仍不能完满地解释脆性粒子以及高温下刚性粒子对脆性材料的冲蚀行为，需进一步加以完善。

（6）二次冲蚀理论

在冲蚀中脆性粒子冲击靶面会发生破碎，这种碎裂后的粒子碎片将对靶面产生第二次冲蚀。Tiny 用高速摄影术、筛分法和电子显微镜术研究了粒子的碎裂对塑性靶材冲蚀的影响，指出粒子碎裂程度与其粒度、速度及入射角有关。当粒子小到一定程度或者入射速率较低则不出现冲蚀或仅出现一次冲蚀，只有当固体粒子粒径较大、入射速率较高时，冲击中，固体粒子的破裂才会导致二次冲蚀。造成二次冲蚀的能力正比于粒子的动能和破碎程度。此模型把冲蚀过程视为两个阶段：粒子直接入射造成的一次冲蚀和破碎粒子造成的二次冲蚀，可较好地解释脆性粒子的高角冲蚀问题。

Hutchings 于 1981 年提出的绝热剪切与变形局部化磨损理论认为：在高的应变率下，材料温度升高很快。首先是使变形过程绝热化，然后是变形的局部化将形成绝热剪切带。该理论第一次把变形临界值作为材料性质的衡量指标，由材料的微观结构所决定。他提出了相应的数学模型，对后来的研究工作具有很好的指导意义，已经得到普遍的认可。当形变达到临界值 ε_c 时，才会发生材料流失。他把 ε_c 看作材料的一种性质，并作为材料塑性的衡量指标，由材料的微观结构所决定。Hutchins 假设大量随机分布的球状粒子以相同速度冲击靶面，从而使靶材产生相同模式的弹性变形，并据此推导出如下关系式：

$$E = 0.033 \frac{\alpha \rho \sigma^{1/2} v^3}{\varepsilon_c^2 P^{3/2}}$$ (2-5)

式中，E 为材料质量冲蚀率(单位 mg/g)，α 为表征压痕量的体积分数，ρ 和 σ 分别为靶材和粒子的密度，v 为冲击速度，P 为外压。

后来，又有研究者对 Hutchins 模型进行了修正。这些模型在解释球状粒子正向冲击方面较为成功，但与实验结果仍有少许差异，需进一步的研究。此外，其他较有影响的冲蚀理论还有脱层理论、压痕理论等。

上述几种理论中，微切削理论适用于解释刚性粒子低入射角冲蚀时的切削情况，锻造挤压理论侧重于高入射角的冲蚀成片历程，变形磨损理论则着重于冲蚀过程中的变形历程及能量变化脆性材料弹塑性压痕破裂理论较成功解释了刚性粒子在较低温度下对脆性材料的冲蚀行为。可以看出，目前关于固体粒子冲蚀的理论模型已有很多，每种模型均能在特定情况下对实际冲蚀现象给出较为合理的解释，但是均具有一定的局限性，针对所有情况的统一理论模型尚未建立。此外，目前人们提出的各种理论模型主要是针对解决整体材料冲蚀问题的，而关于表面涂镀层、改性梯度层等冲蚀理论模型的研究还是不够，需要进一步完善或发展新的理论。

2.1.3.2 浆料冲蚀理论

开展料浆冲蚀研究最早的单位是英国皇家海军，而使用最普遍的试验设备则是料浆罐式试验机。早期的工作大多属于金属耐冲蚀性能的排队，而很少涉及对腐蚀作用影响的描述。直到 1980 年后，一些从事腐蚀研究的科技人员从探讨金属钝化膜的破坏和再生入手才开始了对料浆冲蚀机理较为系统的试验研究。美国国家矿务局 Albany 研究中心的 T. A. Adler 和 G. T. Burstein 等人开始关注腐蚀性料浆对金属的冲蚀问题。他们在对不锈钢钝化膜受到划痕、擦伤和冲蚀破坏后的再钝化过程作系统研究的同时，还特别注意腐蚀和磨损交互作用对材料的加速破坏。1995 年 S. W. Watson 等人总结了前人研究腐蚀与磨损交互作用的结果，并指出金属材料腐蚀磨损的研究重点应该是腐蚀与磨损的交互作用。英国曼彻斯特大学的 M. M. Stack 用组建磨损机制图的方法将两个独立的因素联系在一起，以电位、腐蚀介质 pH 值或环境温度为横坐标，以粒子速度、尺寸(形状)等为纵坐标，界定出某些典型材料(如不锈钢)或涂层发生破坏时起主要作用的因素，即腐蚀或磨损所作的"贡献"，按人们公认的标准从腐蚀磨损图上区分出材料破坏机制，这种研究方法将腐蚀磨损机理的表达方法向前推进了一步。这些探索性的工作是 20 世纪 90 年代后期冲蚀研究的新进展。

我国冲蚀的研究工作开始较晚，到 20 世纪 80 年代后期国内有关金属冲蚀磨损的研究才逐渐活跃起来，相关期刊上陆续刊登文章讨论耐冲蚀合金、腐蚀磨损交互作用以及冲刷腐蚀等问题，并于 1996 年在柳州召开了第一届磨损腐蚀学术会。我国金属材料冲蚀和高温氧化方面的研究大多是结合燃煤锅炉内壁材料和防护涂层的选择与评价进行的。在氧化和冲蚀交互作用的机理上几乎未开展过系统研究。无论腐蚀性料浆冲蚀，还是以海水为主要介质的气蚀和高温气流中的氧化冲蚀，国内缺乏相关数理模型研究。总之，对浆体型冲刷腐蚀的研究由于现象复杂、影响因素多，所以目前大量的工作仍然停留在各种参数、材料显微组织对冲蚀的影响等一些基础的实验观察上，尚未发展出较为完整的物理模型和数学表达式。

2.1.4 冲蚀的影响因素

固体粒子冲击到靶材表面上，除入射速度低于某一临界值外，一般都会造成靶材的冲蚀破坏。单位质量的磨粒冲击材料表面造成的质量和体积损失，称为冲蚀率。材料的冲蚀率是一个受工作环境影响的系统参数，它不仅受入射粒子的速度、粒度、硬度及形状的影响，而且材料的物理、力学性能也对它起作用。因此它的影响因素很多，目前对冲蚀影响因素的研究主要集中于三方面：①环境因素；②磨粒性能；③材料性质。

2.1.4.1 环境因素的影响

（1）攻角的影响

靶材表面和入射粒子运动轨迹之间的夹角即入射角或攻角（亦称冲击角）。攻角的影响与靶材类型有关。塑性材料在 20°~30° 攻角冲击时破坏最大，而脆性材料在垂直冲击（即 90° 攻角）时破坏最大。塑性材料或脆性材料的冲蚀率受冲蚀粒子攻角的影响可用下列关系式表示：

$$\varepsilon = A'\cos^2\alpha\sin(n\alpha) + B'\sin^2\alpha \tag{2-6}$$

式中，ε 为冲蚀率，α 为攻角，n、A'、B' 为常数。如果材料完全是脆性冲蚀，$A' = 0$；完全韧性冲蚀，$B' = 0$。大多数材料介于脆性和韧性之间，小攻角下塑性项起主要作用，大攻角下脆性项起主要作用，改变式中常数项 A'、B' 值便能满足要求。

（2）粒子速度的影响

粒子速度对材料冲蚀率的影响是研究冲蚀机理的重要内容。材料发生冲蚀损伤存在一个冲击速度的下限（门槛冲击速度，取决于粒子性能和材料性质），低于这个速度，只发生弹性碰撞；当高于这个速度时，材料冲蚀率与粒子冲击速度存在如下关系：

$$\epsilon = Kv^n \tag{2-7}$$

式中，v 为冲击速度，K 和 n 均为常数。冲蚀率与粒子速度呈指数关系，不因粒子种类、材料类型和冲蚀攻角大小而变化。这似乎表明粒子动能是造成材料冲蚀的主要原因。但随着材料由塑性扩展到脆性，n 值从 2.1 变到 6.5，并且随着冲蚀攻角增大，n 值也稍有上升。因此，复杂的实验结果难用粒子动能这个单一因素加以说明。

冲蚀率还与入射粒子的密度 Q 有关，这说明入射粒子的动能是影响材料冲蚀率的外在重要因素。材料的断裂韧性和硬度是决定材料冲蚀率的内在因素，特别是材料的断裂韧性起到了关键性的作用。

（3）冲蚀时间的影响

冲蚀与其他磨损具有不同的特点，冲蚀存在一个较长的潜伏期或孕育期。即磨粒冲击靶面后先是使表面粗糙、产生加工硬化而不使材料产生流失，经过一段时间的损伤积累后才逐步产生冲蚀质量损失。冲蚀过程的初期由于入射粒子的嵌入，靶材可能会有"增重"现象，嵌入增重的大小与冲击角有关。一般低冲击角下嵌入增重的趋势明显地小于高冲击角。

（4）环境温度的影响

现有研究结果来看，塑性材料冲蚀率随温度的变化大体可分为三类：① 随温度升高冲蚀率减小，达到最小值后又随温度升高而增大，如 5Cr0.5Mo 钢、410 不锈钢、800 合金、Ti6Al4V 和 W 等；② 低于门槛温度时冲蚀率相差不大，超过这一温度后，冲蚀率随温度升高迅速增大，如 Pb（低角冲蚀）、310 不锈钢、1018 钢、1100 铝合金等；③ 其他如碳钢、12Cr1MoV 钢、2.25Cr1Mo 钢、Pb（90°冲蚀）等的冲蚀率则始终随温度升高而增大。

温度对材料冲蚀的影响难以用简单的规律描述，特别是在高温条件下，很多材料的最大冲蚀角、门槛冲击速度等指标都与较低温度下的冲蚀行为有很大区别，表明两者的冲蚀机理存在显著区别，但实验结果表明脆性材料的冲蚀率几乎不随温度变化而改变，这说明弹塑性压痕破裂理论在解释高温下脆性材料的冲蚀行为方面存在较大缺陷。同样地，前面介绍几种理论在解释高温下塑性材料的冲蚀行为时也存在一定不足，需要进一步完善或发展新的理论来进行解释。

2.1.4.2 磨粒性能的影响

（1）粒度的影响

粒度是影响材料冲蚀行为的重要因素。粒度对冲蚀率的影响，一方面是磨粒尺寸效应，另一方面是脆性材料磨损特性变化。研究表明，一般磨粒尺寸在 20~200μm 时，材料冲蚀率随磨粒尺寸的增大而上升，但磨粒尺寸增加到某一临界值 D_c 时材料冲蚀率几乎不变或变化很缓慢，这一现象被称为"粒度效应"。Zhou 等研究了不同粒度 SiC 粒子对 Ti6Al4V 冲蚀行为的影响，发现 D_c 值大约为 50μm；

Yerramareddy 等的研究证实了这一结果。Bahadur 和 Badruddin 研究了不同粒度 Al_2O_3、SiC 粒子对 18Ni 马氏体时效钢冲蚀行为的影响，发现 Al_2O_3 的 D_c 值大约为 $35\mu m$；而 SiC 粒子的 D_c 值大约为 $50\mu m$；Lieb 和 Levy 的研究结果则表明 SiC 粒子冲击 1018 钢时，D_c 值大约为 $200\mu m$。

关于"粒度效应"有多种解释，如应变率影响、变形区大小的影响、表面晶粒尺寸及氧化层的影响等，Misra 和 Finnie 对此进行了总结。他们认为在十余种解释中，有一种相对较合理，即：材料近表面处存在一硬质薄层，小粒子只能对这一硬质层产生影响，当粒度大于 D_c 值时，粒子可穿透硬质层，直接作用在材料基体上，硬质层的影响基本消失，从而表现出稳定的较高的冲蚀率。但这种解释并不完善，缺乏数据支持。粒度对脆性材料冲蚀行为的影响明显区别于塑性材料：冲蚀率随粒度增加不断上升，不存在临界 D_c 值。

D_c 值随靶材及冲蚀条件改变而变化，研究表明 D_c 值与磨粒破碎所产生的二次冲蚀磨损有关。当磨粒粒度小于一定尺寸时，由于空气动力学效应，使微粒绕靶偏转而不冲击；冲击功很小时，不产生冲蚀，也没有磨粒破碎，不存在二次冲蚀磨损；随着磨粒尺寸的增大，冲蚀率相应增加，达到 D_c 时，磨粒破碎产生二次冲蚀磨损的影响达到饱和，冲蚀率保持不变。

更为重要的是，在实际冲蚀事例中，冲蚀粒子往往不是单一粒度，而是多种粒度混杂，因此粒度分布也是较重要的影响因素。Routbort 等人研究了不同粒度 SiC 粒子对单晶硅的冲蚀行为，发现等重的 $40\mu m$ 和 $270\mu m$ 的 SiC 粒子充分混合后，冲击靶材的冲蚀率高于以其中任何一种单独冲击靶材的冲蚀率。Marshall 和 Evans 的研究结果也表明粒度分布对脆性材料冲蚀率有明显影响。而有关粒度分布对典型塑性材料冲蚀行为的影响研究目前尚无报道。

Kleis 在试验中发现用 1000 目（$40\mu m$）的 SiC 粒子冲击玻璃时，最大冲蚀角大概是 $30°$，表现出塑性材料的性质。Reddy 和 Sundararajan 观察到用球状刚性粒子冲击铜及铜合金时，最大冲击角为 $90°$，这就是脆塑性转变，对于这种现象尚无合理解释。

（2）磨粒形状的影响

粒子形状是影响材料冲蚀率的一个主要因素。Levy 等研究了不同粒度多角形粒子和球状粒子在几种流量条件下塑性材料的冲蚀行为，多角形磨粒比球状圆滑磨粒在同样条件下有更严重的冲蚀损伤，冲蚀失重远大于球状粒子。Ballout 等的研究也证明了这一点，研究表明多角形粒子冲击玻璃导致的冲蚀失重远大于球状粒子造成的冲蚀失重，认为球状圆滑磨粒是以犁削变形方式为主，而多角形磨粒则以切削方式为主。

磨粒形状对最大冲蚀攻角也有一定的影响。试验表明，棱角状 SiC 和 Al_2O_3 磨粒的最大冲蚀攻角 $\alpha_{max} \approx 16°$，钢球磨粒的 $\alpha_{max} \approx 28°$。磨粒形状对韧性材料和对脆性材料的 α_{max} 影响较小。

前述粒度对材料冲蚀率的影响时，所用的都是尖角粒子，球状粒子则有不同的影响：材料冲蚀率随球状粒子粒度增大而增加，达到最大值后，随粒度增大而减小。描述尖角粒子通常用两个指标：一个是宽长比（W/L），另一个是周长的平方与面积之比（P^2/A）。Bahadur 和 Badruddin 研究了多角 SiC 对 18Ni 马氏体时效钢冲蚀行为的影响，发现材料冲蚀率与 W/L 呈反比关系，与 P^2/A 呈正比关系，对于其他材料是否存在同样关系还不得而知（表 2-2）。

表 2-2　粒子形状对材料冲蚀失重的影响

粒子尺寸/μm	送砂率/(g/min)	失重/mg			
		20m/s		60m/s	
		圆形	尖角	圆形	尖角
250~355	6.0	0.2	1.6	3.0	28.0
250~355	0.6	0.2	2.0	4.5	32.7
495~600	6.0	0.1	0.1	1.2	—
495~600	2.5	—	—		42.4

（3）硬度的影响

硬度的影响包括粒子硬度和材料硬度两部分。Tabor 指出，当粒子与材料表面硬度比 $Hp/Ht > 1.2$ 时，塑性材料冲蚀率大，且趋于饱和；当 $Hp/Ht < 1.2$ 时，冲蚀率随 Hp/Ht 的减小而降低；章磊、毛志远等人研究了几种模具钢在 Al_2O_3、玻璃砂冲击作用下冲蚀行为，认为粒子硬度高于或接近于材料硬度时，材料的冲蚀磨损由切削、犁沟以及薄片机制形成。Srinivasan 和 Scattergood 等人研究认为，Hp/Ht 对脆性材料的抗冲蚀能力起决定性作用，但还有一些研究者认为这是相对的。

Gulden 观察到氮化硅在被硅粒子（相对较软）冲击后，没有产生横向裂纹，而用硬粒子冲击后则有横向裂纹，她认为这种差异可能是由于软粒子不会在靶材表面发生弹性流动，材料流失仅仅是没有二次变形的薄片机制造成的，这使得材料冲蚀率较低。与之相反，Srinivasna 和 Scatteroaod 认为软粒子冲击材料可能产生横向裂纹，但有赖于是否达到足以产生裂纹的应力水平。Shipway 和 Hutchings 等人的研究也发现，当 Hp/Ht 逐渐减小到 1 时，材料冲蚀率迅速降低，并认为这可能是由于硬粒子导致弹塑性压痕所致，而软粒子冲蚀则是薄片机制作用的结果。粒子硬度低于材料硬度时，粒子通过多次冲击造成小片脱落使材料流失。对材料硬度的影响，孙家枢在总结金属材料的冲蚀特征的时候提到对于给定的合金，冲蚀率不因热处理、时效或冷加工使合金的硬度提高而下降，即认为用硬度来判断材料的耐冲蚀性能是不可靠的。

2.1.4.3 材料因素的影响

（1）材料的机械性能

对于其他磨损形式，特别是与冲蚀磨损较相近的磨粒磨损而言，通常材料的硬度和强度越高，其耐磨损性能越好，但冲蚀磨损却不是这样的。Manish Roy 总结了近几十年来在近室温条件下各种硬化（强化）方法对单相金属及合金以及多相合金冲蚀率的影响规律，结果表明退火状态的纯金属硬度与冲蚀率呈良好的线性关系，而冷加工、细晶强化、固溶强化都不能提高单相金属材料的抗冲蚀能力；马氏体硬化、沉淀硬化、弥散强化等方法对多相合金冲蚀率的影响无明显规律。

就现有研究结果来看，所有金属材料中只有纯金属和铸铁的抗冲蚀能力随硬度（强度）的增加而提高。Foley 和 Levy 研究了不同热处理条件 AISI 4340 钢的冲蚀行为，发现在强度和硬度明显提高的同时，冲蚀失重反而略有增加。Ninham 的研究表明，尽管几种铁基、镍基和钴基合金具有区别明显的组成、机械性能和物理性质，但它们冲蚀行为十分相似，冲蚀率区别不大。由此表明，材料硬度和强度不是表征其抗冲蚀性能的单一指标，尤其是在大攻角冲蚀条件下，因为，此时疲劳破坏是主要控制因素。

同时，有研究者发现韧性材料的抗冲蚀性能由弹性模量决定，而弹性模量（相对于材料的强度等性质来说）在物理冶金过程中受到的影响较小。借助于冷加工、热处理等手段来改变合金的组织，可以使铁基合金的强度成倍增长，但弹性模量是对组织不敏感的一种物理量，因此材料的冲蚀性能也是对组织不敏感的一种物理性质。通过冷加工、热处理等来提高材料的抗冲蚀能力是有限的，同时还可以预期通过合金化或复合材料等手段提高材料的弹性模量从而提高材料的抗冲蚀性能是可行的。

（2）材料的组织结构

Balan 等对灰口铸铁、可锻铸铁和球墨铸铁冲蚀行为的研究表明，它们的抗正向冲出能力由高到低依次为：球墨铸铁>可锻铸铁>灰口铸铁，显微组织的抗冲蚀能力：球状石墨片>状石墨，回火马氏体>片状珠光体。如前所述，有研究表明，不同热处理条件 AISI 4340 钢的冲蚀率区别不大，因此对 AISI 4340 钢来说，很难断言哪种显微组织的抗冲蚀能力更好。

同时，有研究者发现不同显微组织的碳钢具有不同的抗冲蚀能力，由高到低依次为：珠光体>回火马氏体>马氏体，并且马氏体结构的碳钢在较高冲击速率时表现出脆性材料的冲蚀特征。另外，对于硬质第二相对不同双相或多相合金冲蚀行为的影响，不同研究者的观点不尽相同，较一致的看法是碳化物尺寸、形状、位置等因素对材料冲蚀率有一定影响，但不像对硬度、塑性等机械性能的影响那么明显。Levy 较系统地研究了碳化物含量对塑性材料抗冲蚀能力的影响，发现碳化物含量的增加导致材料抗冲蚀性能下降，直到碳化物含量达到 80%左右，形成连续的碳化物框架，才呈现出相反的趋势。

总体来看，目前对双相或多相合金显微结构对其抗冲蚀能力的影响虽有一些了解，但多局限在某一局部，有时由于评价体系不同，甚至可能得出相互矛盾的结果，缺乏规律性，还需要进一步深入研究。脆性材料的显微组织对材料冲蚀行为有重要影响，一般认为较低的气孔率和较细的晶粒有利于提高材料的抗冲蚀能力，这是因为气孔等缺陷的存在使得裂纹容易在这些部位萌生和扩展，较多的气孔更容易造成材料的流失；晶粒的细化导致晶粒边界的增多，从而限制了裂纹的扩展。

2.1.5 冲蚀的防护措施

对冲蚀可从三个方面加以控制，即改进设计，使其有利于减少冲蚀；选用耐冲蚀磨损的材料；通过表面强化工艺提高抗冲蚀性能。

2.1.5.1 改进设计

在保证工作效率的前提下，合理设计零部件的形状、结构。如用平滑过渡的弯管代替 T 形接头，减少材料表面粗糙度。设法减少影响材料冲蚀率的重要参数，如入射颗粒的速度，但应在综合技术指标中加以统一处理，防止片面追求单一指标。

为减少冲蚀，应改变冲击角。塑性材料尽可能避免在 20°~30°的冲击角下工作，脆性材料力争不受粒子的垂直入射。

2.1.5.2 合理选材

由于改进设计需考虑的因素很多，在实际应用中存在较大难度，同时往往不能完全满足要求，因此合理选材尤为重要。在选材时必须充分考虑工况条件，如冲击角、冲击速度、温度等环境因素以及磨粒性质的影响，在目前情况下，一般需通过实验来确定。

Hasen 对部分材料的耐冲蚀性能进行了整理，对多数金属材料而言，相对冲蚀率相差不大，而金属陶瓷和陶瓷材料则表现出较优良的耐冲蚀性能，如 WC、Si_3N_4、SiC 等。Roy 等人在电厂煤粉输送管道中采用 99%刚玉替代 16Mn 钢，使用寿命明显提高。沈曙明等人对 28Cr 铸铁在 30m/s 冲蚀速度情况下的失重情况进行了研究，结果表明 28Cr 铸铁的耐冲蚀性能优于 20 钢，他们认为可用于火电厂煤粉输送管道。

王乙潜等人对超高分子量聚乙烯和 45 钢的冲蚀磨损性能进行了研究，二者的冲蚀率处于同一数量级上，超高分子量聚乙烯的耐冲蚀性稍劣于 45 钢，但成本低于 45 钢。

2.1.5.3　表面强化

表面强化是在通用材料的基础上，采用适当表面技术使材料表面达到耐冲蚀磨损的目的。常用的表面技术有表面热处理，如渗碳、渗氮、渗硼等；表面冶金及涂层技术，如堆焊、热喷涂、激光熔覆、表面涂层等；表面薄膜层技术，如气相沉积等。由于金属陶瓷和陶瓷材料加工较困难、成本高，采用表面技术在基材表面涂覆一层一定厚度的金属陶瓷或陶瓷材料，是一种行之有效的冲蚀磨损防护措施。

2.2　叶片的疲劳性能

2.2.1　疲劳的定义

材料、零件和构件在循环加载下，在某点或某些点产生局部的永久性损伤，并在一定循环次数后形成裂纹，或使裂纹进一步扩展直到完全断裂的现象，称为疲劳。日常生活中使用的多数金属材料机械零部件承受的载荷都是随时间变化而变化的。材料在交变载荷作用下，发生的破损或断裂叫作疲劳破坏。疲劳破坏是一种损伤积累的过程，材料发生疲劳破坏时，并不是一蹴而就的。疲劳破坏是一个由裂纹萌生、扩展、最终导致断裂的过程。过程所用时间的长短取决于疲劳发生的条件和所处的环境。它的破坏特征和静力作用下的破坏有着本质的不同，主要有以下特征：

（1）在循环应力远小于静强度极限的情况下破坏就可能发生，但不是立刻发生的，而要经历一段时间，甚至很长的时间；在交变载荷作用下，材料所受的应力，即使低于材料的屈服强度，疲劳破坏也会发生，力的大小并不是决定疲劳发生与否的决定因素。而静载荷作用下的破坏，一般发生在力较大并高于屈服强度时。

（2）疲劳破坏前，即使塑性材料（延性材料）有时也没有显著的残余变形。不管脆性材料或者塑性材料，疲劳断裂时都不会表现出明显的塑性形变，而是突然断裂，这种突然性会更让人猝不及防，从而产生更大的危险。材料发生疲劳破坏时，一般是在局部发生。所以对于某些受力比较集中的部位，以及容易产生疲劳破坏的部位，通过定期的更换材料，可以改善疲劳情况，延长整体部件的使用寿命。

金属疲劳破坏可分为三个阶段：①微观裂纹阶段。在循环加载下，由于物体的最高应力通常产生于表面或近表面区，该区存在的驻留滑移带、晶界和夹杂，发展成为严重的应力集中点并首先形成微观裂纹。此后，裂纹沿着与主应力约成45°角的最大剪应力方向扩展，裂纹长度大致在 0.05mm 以内，发展成为宏观裂纹。②宏观裂纹扩展阶段。裂纹基本上沿着与主应力垂直的方向扩展。③瞬时断裂阶段。当裂纹扩大到使物体残存截面不足以抵抗外载荷时，物体就会在某一次加载下突然断裂。对应于疲劳破坏的三个阶段，在疲劳宏观断口上出现有疲劳源、疲劳裂纹扩展和瞬时断裂三个区。疲劳源区通常面积很小，色泽光亮，是两个断裂面对磨造成的；疲劳裂纹扩展区通常比较平整，具有表征间隙加载、应力较大改变或裂纹扩展受阻等使裂纹扩展前沿相继位置的休止线或海滩花样；瞬断区则具有静载断口的形貌，表面呈现较粗糙的颗粒状。扫描和透射电子显微术揭示了疲劳断口的微观特征，可观察到扩展区中每一应力循环所遗留的疲劳辉纹。

2.2.2　疲劳的分类及性能

一般情况下，疲劳是指材料在室温空气中，受交变载荷作用下，发生的疲劳。在实际工作中，常遇到不同载荷条件、环境温度或介质情况，因而产生不同类型的疲劳。

（1）按疲劳过程中的应力类型分类：

① 高周疲劳：指材料在低于其屈服强度的循环应力作用下，经 $10^4 \sim 10^5$ 以上循环次数而产生的疲劳。高周疲劳的特点是作用于零件或构件的应力水平较低。如弹簧、传动轴等零件或构件的疲劳即属此类。

② 低周疲劳：又称条件疲劳极限，或"低循环疲劳"。作用于零件、构件的应力水平较高，破坏循环次数一般低于 $10^4 \sim 10^5$ 的疲劳，如压力容器、燃气轮机零件等的疲劳。

（2）按载荷条件分类：

① 随机疲劳：零件在随机载荷作用下的疲劳；

② 冲击疲劳：零件受到重复冲击载荷的作用导致的疲劳；

③ 微动磨损疲劳：变化的载荷中引起摩擦从而产生的疲劳。

疲劳性能是材料抵抗疲劳破坏的能力。高循环疲劳的裂纹形成阶段的疲劳性能常以 $S-N$ 曲线表征，S 为应力水平，N 为疲劳寿命。$S-N$ 曲线需通过试验测定，试验采用小型标准试件或实际构件。若采用小型标准试件，则试件裂纹扩展寿命较短，常以断裂时循环次数作为裂纹形成寿命。试验在给定应力比 R 或平均应力 的前提下进行，根据不同应力水平的试验结果，以最大应力或应力幅为纵坐标，疲劳寿命 N 为横坐标绘制 $S-N$ 曲线。表示寿命的横坐标采用对数标尺；表示应力的纵坐标采用算术标尺或对数标尺。在 $S-N$ 曲线上，对应某一寿命值的最大应力或应力幅称为疲劳强度。疲劳强度一词也泛指与疲劳有关的强度问题。为了模拟实际构件缺口处的应力集中以及研究材料对应力集中的敏感性，常需测定不同应力集中系数下的 $S-N$ 曲线。

对试验结果进行统计分析后，根据某一存活率 p 的安全寿命所绘制的应力和安全寿命之间的关系曲线称为 $p-S-N$ 曲线。50%存活率的应力和疲劳寿命之间的关系曲线称为中值 $S-N$ 曲线，也简称 $S-N$ 曲线。

当循环应力中的最大应力小于某一极限值时，试件可经受无限次应力循环而不产生疲劳裂纹；当循环应力中的最大应力大于该极限值时，试件经有限次应力循环就会产生疲劳裂纹，该极限应力值就称为疲劳极限，或持久极限。

鉴于疲劳极限存在较大的分散性，人们根据现代统计学观点，把疲劳极限定义为：指定循环基数下的中值(50%存活率)疲劳强度。对于 $S-N$ 曲线具有水平线段的材料，循环基数取 10^7；对于 $S-N$ 曲线无水平线段的材料(如铝合金)，循环基数取 $10^7 \sim 10^8$。疲劳极限可作为绘制 $S-N$ 曲线长寿命区线段的数据点。

2.2.3 叶片等工程零件常见的疲劳现象

工程中常见的失效模式大致分为断裂、腐蚀和磨损三大类。其中尤以断裂，特别是疲劳断裂危害最大，数量最多。根据美国国家标准局(NBS)向国会提出的报告，美国由于疲劳断裂和为防止断裂所花经费每年竟高达 1140 亿美元，相当于国民经济总产值的 4%。国内尚缺乏全面的统计数字，但我国在石油、煤炭、铁道、航空和电力等部门都发生过一些恶性事故，损失是巨大的。例如，我国第一架歼八型全天候歼击机和一艘导弹核潜艇在试车时，都曾因疲劳断裂而造成重大损失。如果对材料和结构在使用条件下的行为有深入的研究和清晰的了解，就能提高产品的设计水平和质量，提高产品的可靠性和使用寿命，防止隐患，那么大部分事故是可以预防和避免的，其经济效益比新增加产品更显著。有报告指出，美国仅断裂分析一项，每年可节约几亿美元，如果通过失效分析使国内发电设备利用率提高 1%，就可制造 30~40 亿元的产值。1954 年彗星号坠机事件，事故原因为压力仓疲劳破坏。20 世纪 80 年代初，美国众议院科技委员会委托国家标准局进行了一次关于断裂所造成的损失的大型综合调查，调查报告指出断裂使美国一年损失 1190 亿美元，占 1982 年的美国国家总产值 4%，遭受损失最严重的三个行业为：车辆业(125 亿美元/年)，建筑业(100 亿美元/年)，航空工业(67 亿美元/年)。报告同时指出向工程技术人员普及关于断裂和疲劳的基本概念知识，可减少损失 29%。可见疲劳在工程应用上的重要性非同一般。

叶片在运转时，主要受拉压、弯曲、扭转等应力的作用；除此之外，叶片还受到激振的作用，其振动频率对叶片的寿命有较大的影响。在疲劳失效中，尤其是动叶片疲劳失效，往往是振动起很大作用；应当指出，微振失效也是叶片失效的重要形式之一。按叶片的断裂或损伤的部位划分失效类型，可分为三种类型：(1)叶身断裂失效；(2)叶根断裂失效；(3)叶冠或叶顶失效。除了介绍叶片容易导致疲劳失效外，叶轮、风轮、螺旋桨等也存在疲劳失效问题。

例如，燃气轮机的静叶片断裂失效问题。燃气轮机的静叶片材质为1Crl3钢，经调质处理后使用。装机运行不久就发现静叶片断裂失效。拆机检查，用肉眼或放大镜观察，发现静叶片的断口形貌较平滑，具有疲劳断裂的宏观形貌特征；另外还观察到静叶片的自由端损伤较严重。在正常情况下自由端是不接触任何物体的，但由于装配间隙较小，在运转时可能碰触侧壁而损伤。静叶片断口的宏观外貌如图2-5所示。箭头指示处为裂源。用电子显微镜观察，进一步证实裂源的微观形貌特征为准解理断裂，裂纹扩展区的微观形貌特征为疲劳辉纹标记。与振动疲劳断口相比较，静叶片断口的疲劳辉纹形态与其极为相似，因此可认为静叶片是由于装配不当引起的振动疲劳断裂。

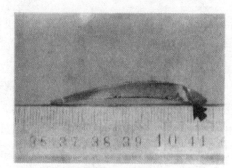 

(a)燃气轮机静叶片断口宏观外貌　　　　　(b)燃气轮机静叶片电子断口形貌
(箭头指示处为裂源)　　　　　　　　　(箭头指示处为准解理花样)

图2-5　燃气轮机叶片断口形貌

又如，汽轮机(401，即C口)机组第10级动叶片断裂失效，汽轮机(129)机组第10级动叶片材料为2Cr13钢。2Cr13钢材料的热处理工艺为：1000℃保温30min，油淬，700℃回火，保温180min，空冷。汽轮机(129)机组在运行过程中，经常发生第10级动叶片断裂失效。汽轮机(129)机组第10级动叶片断口形貌如图2-6所示。叶片宏观断口形貌特征可分为四个区域：A区为裂源区；B区为裂纹扩展区；C区为瞬时断裂区；D区为剪切唇区。A区靠近叶片的排气侧。断口表面较粗糙，有一些腐蚀锈斑。B区断口表面较平坦，具有明显的疲劳前沿线或贝壳状条纹等宏观形貌特征。从疲劳前沿线扩展的趋势可知，疲劳裂纹是由

A 区向 B 区扩展的。C 区接近进气侧，断口表面凹凸不平，具有快速撕裂的形貌特征，裂纹是由 D 区向 C 区快速扩展的。D 区即剪切唇区，断口表面呈现鹅毛状，且具有金属光泽，有一定的倾斜角度，是裂纹的最终断裂区。汽轮机(129)机组第 10 级动叶片断裂为腐蚀疲劳开裂。

再例如，压缩机叶片疲劳失效问题。失效的空气压缩机(简称空压机)是国外引进的化工设备，失效后现场勘查发现空压机的轴流段所有调节叶片和导流叶片都产生了不同程度的损坏，破坏尤为严重的是前 1、2 级，往后逐级减轻。从轴流段整个叶片破坏情况分析，可能是由于 1、2 级中的几个叶片先断裂，然后引起其他叶片失效，同时还发现空压机离心段第一级叶轮导流叶片

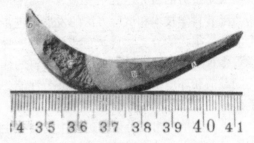

图 2-6　汽轮机叶片断口形貌

注：汽轮机(129)机组第 10 级动叶片断口宏观形貌，按其特征可将叶片断口划分为 A、B、C、D 四个区域，即裂源区、疲劳裂纹扩展区、瞬时断裂区及剪切唇区

有一片断裂。从轴流段一级调节叶片中取样，其断口宏观形貌如图 2-7 所示。图中白箭头所指是先开裂部位，称老断口，黑箭头指的是人为机械打开部位，称新断口，离心段导流叶片断口宏观形貌如图 2-7 所示。综上所述，空压机叶片产生断裂原因主要是由于热处理工艺不严格，热处理温度偏高，使组织粗大，疲劳强度降低；其次，设计不合理，没有防喘振装置，并且在安装时未做数次喘振试验，而在工作过程中又经常产生喘振现象，最后由于振动导致了疲劳断裂。

(a)轴流段调节叶片宏观断口

注：老断口(白箭头)呈铁灰色，上面有腐蚀层；新断口(黑箭头)呈灰色，有金属光泽

(b)离心段导流叶片

注：断口表面光滑，呈灰色，有海滩状条纹出现

图 2-7　压缩机叶片断口形貌

2.2.4 疲劳理论研究进展

2.2.4.1 国外疲劳失效理论研究

关于疲劳的研究已经有100多年的历史，而且是起源于断裂事故的失效分析。随着科学技术和试验方法的发展和进步，疲劳已成为材料力学性能研究中一个综合性很强的分支学科。它涉及力学、物理、化学、材料学、机械学、应用数学等多种学科领域，具有某种边缘学科的性质。人们充分研究了不同材料在各种不同载荷和环境条件下实验时的疲劳性能，在金属零件疲劳断裂失效分析的基础上形成和发展了疲劳学科。

下面简单列出疲劳研究进程中的一些主要成就，有助于我们了解疲劳学科或理论目前的水平及今后的发展趋势。

(1)1850~1870 年，Wohler 建立了应力-寿命图(即 S-N 曲线)，提出了疲劳极限的概念。

(2)1870~1890 年，Gerber 研究了平均应力的影响；Goodman 提出考虑平均应力影响的简单理论，建立了 Goodman 图。

(3)1900~1902 年，Ewing 和 Humfrey 用光学显微镜研究了疲劳滑移带和微裂纹的形成。

(4)1920 年，Gough 研究了疲劳中的作用滑移系和 Schmit 庙界切应力定律。

(5)1930 年，High 研究了残余应力在疲劳中的作用。

(6)1937 年，Neuber 提出了缺口根部的应力梯度效应。

(7)1945 年，Minert 提出了线性累计损失定律。

(8)Forsyth 发现挤出/侵入现象。

(9)Thompson 和 Wadsworth 观察到驻留滑移带和微裂纹在带内的形成。

(10)1962 年，Manson 和 Coffin 各自独立提出塑性应变幅与疲劳寿命之间的关系，即 Manson-Coffin 公式，为缺口试样应变疲劳寿命分析奠定了基础。Larid 提出了疲劳裂纹第 2 阶段扩展的钝化模型，合理地解释了疲劳带的形成，为断裂失效分析提供了依据。

(11)1963 年，Paris 提出疲劳裂纹扩展速率和应力强度因子幅值之间的关系，成为损伤容限设计的基础；1965 年，美国空军材料实验室编辑出版了《电子断口手册》图谱，美国金属学会分别在 1974 年和 1975 年编辑出版了《断口金相和断口图谱》和《失效分析及其预防》，欧洲共同体委员会也在 1979 年出版了《宏观断口学及显微断口学》等图讲或手册，大大推动了木门学科的发展和应用。

(12)1966 年，Laufer 观察到驻留滑移带的梯状位错结构。

（13）1970~1980 年，Laird Mughrabi 和 Winter 等系统地研究了驻留滑移带中的应变集中和位错运动方式，建立了铜单晶体循环应力应变曲线与位错结构的关系。

（14）1980~1982 年，短裂纹和裂纹在门槛值附近的行为受到重视。

（15）1990~1999 年，奥定格、谢尔辛及伊万诺娃在低温疲劳方面作出重要贡献；

（16）2000~今天，国外疲劳机理研究主要集中在各个不同领域。关于疲劳方面的研究更加细致，主要表现为腐蚀疲劳、高温蠕动疲劳、低周疲劳、高周疲劳等，均得出了相应的理论数据。

2.2.4.2 我国疲劳失效理论研究

我国近些年在材料疲劳的基础性研究方面取得了长足的进步，主要表现如下：

（1）1990~2020 年期间，疲劳断裂研究进展显著。断裂微观机理方面论文不到 5%，多是针对具体的实际工程问题寻找答案。随着国民经济和科学技术的发展，以及对材料疲劳和断裂行为及规律的深入认识，金属断裂失效分析也在我国开展起来。国内各有关单位做了许多工作，取得了明显经济和社会效益。同发达国家相比，存在不小的差距，主要表现在学术上还处于学习、消化和应用的阶段，还极少有自己的创新。显然，这种情况是同我们的疲劳和断裂研究水平有关的。初步估计我国失效分析大抵相当于发达国家 70 年代中期的水平，而且由于多数单位至今仍未在基础理论方而开展工作，这种差距还在继续扩大。

（2）1996 年，北京航空航天大学高镇同院士对随机疲劳、混沌疲劳及复合材料疲劳寿命估算属疲劳学研究的三个重要前沿，给出了疲劳损伤的动态概率分布；对混沌疲劳进行了初步探讨，且给出了用于复合材料疲劳寿命估算的损伤演化方程。

（3）近年来，周仲荣、刘道新等人对微动疲劳开展的大量深入的研究，对微动裂纹的萌生机理及影响损伤规律方面作出重要贡献。

（4）2015 年，崔璐等人针对油井管井下服役工况下的腐蚀疲劳问题，分析了环境、力学状态和材料特性等因素对腐蚀疲劳的影响，明确了油井管腐蚀疲劳的国内外研究现状、裂纹萌生机理和裂纹扩展机理。

（5）2018 年，付裕探讨了金属材料低温疲劳的机理和特性。研究得出以下结论：一是通过疲劳试验测定金属材料在低温时的 $S-N$ 曲线得到低温时的疲劳特性，二是通过裂纹扩展试验研究低温时金属材料的裂纹扩展特性，三是根据低温对金属材料性能的影响，研究冷处理对金属材料微观结构和疲劳断裂性能的作用。主要是通过金属材料在不同温度环境下的疲劳力学对比试验和断口金相分析来研究低温疲劳相对于常温状态下的特性，还包括一些基于断裂力学模型、疲劳裂纹扩展机制以及韧脆转换理论的寿命估算以及金属晶体微观结构的机理破坏分析等技术手段。

（6）2019 年，吴圣川等人总结了影响金属材料疲劳裂纹扩展的多种因素，综述了高周疲劳裂纹扩展的唯象模型和理论模型，以及低周和超高周疲劳裂纹扩展模型的最新进展（包括基于能量的和考虑概率的）。综合前述模型优缺点，提出了一种基于单轴拉伸性能的新型疲劳裂纹扩展模型。分析表明，新模型与多种常用材料的疲劳裂纹扩展试验数据吻合较好，并且能够准确地给出不同应力比下的裂纹扩展速率曲线。同时，对先进材料抗疲劳开裂性能的高通量表征及运维技术进行了展望。

国家科委组织了若干跨学科、跨单位和跨部门的综合研究项目，其中包括"材料微观结构与力学性能"，取得了较好的效果。近年来，国家基金委管理和资助一些大型项目，将一部分人组织在一个共同有兴趣的课题内，进行基础性和应用中的基础性工作，在强度和断裂方面，这种材料科学和力学的合作，宏观与微观的结合，必将发挥综合优势，在理论和应用两个方面做出好成绩。

2.2.5 疲劳的影响因素

（1）化学成分

不同的材料，性能有非常明显的差异，有的材料硬度较大，但仅受一个很小的力就会使其断裂；有的材料硬度较小，但却能承受多次的交变载荷的力而不发生断裂。同种混合金属材料，其成分的比例不同，对材料的抗疲劳性能也会产生不同的影响。究其根本，这是因为不同的材料，内部组织结构不一样、原子排列也不同，导致强度和塑性的差异，疲劳性能也随之改变。回火马氏体比珠光体加马氏体及贝氏体加马氏体具有更高的抗疲劳能力；铁素体加珠光体组织钢材的疲劳抗力随珠光体组织相对含量的增加而增加。

在大多数的工程材料中，会存在各种夹杂，如在合金的熔炼制造过程中引入的杂质，以及渣痕、焊接缺陷、大的疏松等，都被视为材料的缺陷，这些缺陷都会导致材料的抗疲劳性能出现异常，在交变载荷作用下，这些缺陷很有可能发展为疲劳破坏的起源点。

（2）表面状况的影响

在裂纹起始阶段，疲劳是一个表面现象。疲劳裂纹常从零构件的表面产生并开始扩展，因此表面加工状态的优劣对疲劳裂纹的产生及其扩展有重要影响。表面加工状态的优劣是指表面加工粗糙度、表面层的组织结构及应力状态等。如表面粗糙、加工造成的刀痕等都能引起应力集中效应，使疲劳强度降低。表面状况不好可以缩短裂纹起始阶段的条件。此外，由于表面处理或加工不当，使零件表层留有残余拉应力，也会使疲劳强度降低。一般材料的表面缺陷是疲劳起源的潜在位置，这些潜在位置在受到疲劳载荷时，会逐渐形成裂纹并且不断扩展，最终导致疲劳断裂，大大降低了疲劳寿命。一般来说表面越光滑的构件，其疲劳强度和疲劳寿命会越好。表面加工情况是影响疲劳性能的最直接的关键因素之一，也是最能直观观察到的因素。

（3）环境的影响

环境对疲劳裂纹的起始和裂纹的扩展都有影响。材料的疲劳性能在腐蚀环境中和非腐蚀环境中有着明显的区别。金属材料在某些较极端的环境中，如强酸、高温等，抗疲劳性能会表现出明显的减弱，极大地影响了构件的正常运转，以及机器的安全性能，稍有不慎就会酿成大祸。据研究表明，高温和腐蚀介质可以加速疲劳裂纹的萌生和扩展。大多数材料的强度随温度的升高而降低，不同温度下材料的疲劳性能也随之改变，而且材料在高温中长期静载荷作用下存在着蠕变现象，温度愈高，在一定应力下，材料的蠕变变形就越快，破坏所需要的时间就越短。在腐蚀的介质下工作的零部件，再加上疲劳载荷，就很容易发生腐蚀疲劳。疲劳载荷能加快腐蚀的作用，而腐蚀又能加快疲劳发生的过程，两者相互促进，最终加速材料在局部的破坏，从而影响整个零部件的疲劳性能。

（4）应力集中的影响

在机械零件中，由于结构上的要求，不可避免地存在沟槽、轴肩、孔、拐角、切口等不连续部分致使截面形状发生突变。由于零件几何形状的不连续而引起局部应力较大的现象叫作应力集中。应力集中的地方，一般都是疲劳容易起源的潜在位置，这些位置在疲劳载荷作用下，很容易就发生疲劳破坏。

零部件在加工制造过程中，会受到各种因素的作用与影响，这些因素消失之后，没有其他外力作用下时，以平衡状态存在于物体内部的应力，称为残余应力。在很多实际问题中，残余应力对于疲劳有着重要意义。无意中引入的参与拉伸应力对于疲劳抗力是有害的，而残余压缩应力，则可以显著提高疲劳性能。其产生的原因多是不均匀塑性变形或是材料本身内部不均匀所造成的，它的影响可以分为两种：一种是对疲劳等材料强度的影响；另外一种是对加工时或加工后产生尺寸偏差等有害变形的影响。作为对材料承受动载荷性能的影响而言，残余应力对材料的疲劳强度的影响是重要的，一般认为，在疲劳过程中残余应力起平均应力的作用。喷丸强化是一种在构件材料表面引入有利残余应力的众所周知的工艺，在多种实际应用中被用来预防疲劳或应力腐蚀问题。

喷丸强化使材料表层发生塑性伸长。由于表层必须和弹性基体保持紧密结合，参与压缩应力就在表面形成。残余应力可使构件发生翘曲，但有时采用对称喷丸操作可以避免尺寸变形。

2.2.6 疲劳的预防措施

（1）结构设计与加工质量的改善

结构设计是零部件疲劳寿命的决定因素，结构如果设计得不合理，那将造成灾难性的后果。结构设计可以消除或增加应力集中，从而影响疲劳性能。表面加工质量对零部件疲劳性能也有显著的影响。这些因素都是影响疲劳寿命的关键因素，我们在设计、加工制造零部件时，就要遵循规则，将影响疲劳性能的因素降到最低，如合理设计零部件的结构外形，采取圆角过渡和加大轴肩的圆角半径等措施，均可将这些区域的峰值应力降下来；且尽量减少关键部位的应力集中系数，可有效地防止应力集中，提高其疲劳强度。同时，尽量避免表面加工质量缺陷的出现，如表面粗糙度过大、表面刀痕、磨削裂纹、划伤等，并且在分析计算中考虑尺寸效应。

（2）减小或避免环境的影响

环境对疲劳有重要的影响，尤其是腐蚀环境。当金属受到酸碱的腐蚀，一些部位的应力就比其他部位高得多，加速裂缝的形成，这叫"腐蚀疲劳"。对在腐蚀性环境下工作的机械零件要进行处理，避免产生腐蚀疲劳。如加入合金元素，防止产生晶间腐蚀；同时要对零件进行防护处理，如镀层或涂漆，减少腐蚀环境对零件疲劳的影响，提高零件寿命，避免事故的发生。

（3）组织与性能的改善

材料是影响零件疲劳性能的关键因素之一，对于传统材料，可以通过加入一些新元素来提高其抗疲劳性能，改善疲劳寿命；同时，对于生产加工工艺中经常出现的组织缺陷，如夹杂、气孔、铸造裂纹等，经常作为疲劳裂纹的起源，严重影响疲劳寿命，要优化生产加工工艺，加强材料质量的检查与监控，尽可能避免组织缺陷的产生。

（4）预先模拟实验与定期检查

对于机械零件，使用前要根据其实际工况，进行抗疲劳设计的模拟实验，对材料、工艺、装配等的实验环境应尽量符合真实生产情况，以保证所得实验结果具有代表性，根据实验反馈结果，及时发现影响疲劳的薄弱环节，想方设法改善其疲劳性能，防微杜渐，避免后续在实际生产过程中出现一些严重的事故。对于已经投入生产实际中的机械零件，要定期进行检查，如超声、X射线等无损检测，及时发现危险，进行维修或更换，防患未然。

第3章
叶片常用的表面强化技术

冲蚀、疲劳和腐蚀这三种失效行为均与材料的表面性能密切相关，因此防止这类失效的一个重要途径是利用现有的表面工程技术提高马氏体不锈钢的使用性能。然而，现行马氏体不锈钢表面处理技术尚难以达到要求。近年来，随着等离子体技术和高能量密度表面处理技术的兴起和发展，以及对传统表面改性技术的改进，表面工程和技术的发展进入了新的阶段。等离子表面改性技术是利用低温等离子体所产生的大量电子、离子、原子和活性基团，对材料表面进行处理的技术。由于它较传统表面技术有许多优点，在表面工程中已占有十分重要的地位，如物理气相沉积（PVD）、离子注入、离子氮化、等离子喷涂和等离子增强化学气相沉积（PCVD）等都有效地引入了等离子体技术，已取得了卓有成效的应用。喷丸强化是一种传统的表面处理技术，近年来，经过不断地改进和发展，在表面处理工程中仍然发挥着重要的作用。喷丸强化可使材料表面引入残余压应力，能够很好地提高机械零件的抗疲劳性能和抗应力腐蚀能力。因此，本章将对叶片常用的等离子表面改性技术、热喷涂技术、喷丸强化技术、离子氮化技术以及复合处理技术等表面防护技术进行介绍。

3.1　热喷涂技术

3.1.1　热喷涂技术的原理

　　热喷涂是一种采用专门设备利用热源将金属或非金属材料加热到熔化或半熔化状态，用高速气流将其雾化成极细小的颗粒并喷射至工件表面，形成牢固的覆盖层，以提高机件耐蚀、耐磨、耐热、抗氧化等性能的表面工程技术。图 3-1 为热喷涂涂层原理示意图。

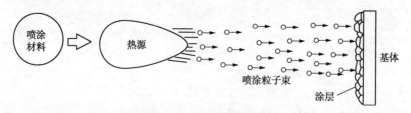

图 3-1　热喷涂技术原理示意图

　　热喷涂的技术原理：热喷涂技术形成涂层的原理和涂层结构基本一致，即从喷涂材料进入热源到形成涂层的过程，涂层材料可以是粉状、带状、丝状或棒状。热喷涂过程主要包括四个阶段：加热熔化、雾化微粒、喷射飞行、碰撞沉积。

(1) 加热熔化阶段。当涂层材料为线材时，喷涂过程中，线材的端部连续不断地进入热源高温区被加热熔化，形成熔滴；当喷涂材料为粉末时，粉末材料直接进入高温区，在进行的过程中被加热至熔化或半熔化状态。

(2) 雾化微粒阶段。线材在喷涂过程中被热熔化成熔滴，在外加压缩气流或热源自身气流动力的作用下，将线材端部熔滴雾化成微粒并加速粒子的飞行速度；当涂层材料为粉末时，粉末材料被加热到足够高温度，超过材料的熔点形成熔滴时，在高速气流的作用下，雾化破碎成更细微粒并加速微粒的飞行速度。

(3) 喷射飞行阶段。加热熔化或半熔化状态的粒子在外加压缩气流或热源自身气流动力的作用下被加速飞行。粒子飞行过程中喷涂粒子首先被加速，随着飞行距离的增加而减速。

(4) 碰撞沉积阶段。具有一定温度和速度的粒子在接触基体工件的瞬间，以一定的动能冲击基体工件表面，产生强烈的碰撞。在碰撞的瞬间，喷涂粒子的动能转化为热能并传递给基体工件，在凹凸不平的基体材料表面产生形变，由于热传导作用，变形粒子迅速冷凝并伴随着体积收缩，其中大部分粒子呈扁平状牢固地粘结在基体工件表面上，而另外很小一部分粒子碰撞后经基体工件反弹离开工件表面。随着喷涂粒子束不断地冲击碰撞基体工件表面，碰撞—变形—冷凝收缩—填充过程连续进行，变形粒子不断在基体工件表面上沉积，并以颗粒与颗粒之间相互交错叠加的形式粘贴在一起，最终形成涂层(图3-2)。

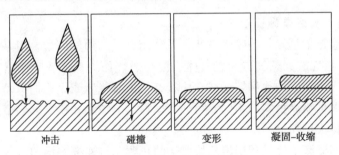

| 冲击 | 碰撞 | 变形 | 凝固-收缩 |

图3-2 涂层形成过程示意图

3.1.2 热喷涂技术的特点

(1) 喷涂材料的选择范围广。由于热源的温度范围很宽，因而可喷涂的涂层材料几乎包括所有固态工程材料，如金属、合金、陶瓷、金属陶瓷、塑料以及由它们组成的复合物等。

（2）基材材料的应用范围广。由于喷涂过程中，基体材料的温度低，工件的温度一般在 30~200℃之间，基体表面受热的程度较小，因此可以在各种材料上进行喷涂（如金属、陶瓷、玻璃、纸张、塑料等），并且对基材的组织和性能几乎没有影响，工件不会变形。

（3）操作灵活，不受工件尺寸和施工场所的限制。设备简单、操作灵活，既可对大型构件进行大面积喷涂，也可在指定的局部进行喷涂；既可在工厂室内进行喷涂也可在室外现场进行施工。

（4）涂层厚度范围宽，性能多样。涂层厚度从几十微米到几毫米都能制备，且容易控制；涂层性能多种多样，可以制备耐磨、耐蚀、耐高温、隔热、抗氧化、绝缘、导电、生物相容、红外吸收、防辐射等具有各种特殊功能的表面强化涂层。

（5）喷涂工艺简单，效率高，生产成本低。由于喷涂过程的操作程序较少，施工方便，时间较短，喷涂效率高，可以达到每小时数公斤到数十公斤，经济效益好。

3.1.3　热喷涂技术的分类

热喷涂技术的分类方法很多，最常用的是按热源的种类进行分类，可分为：①火焰类，包括火焰喷涂、爆炸喷涂、超音速喷涂；②电弧类，包括电弧喷涂和等离子喷涂；③电热法，包括电爆喷涂、感应加热喷涂和电容放电喷涂；④激光类：激光喷涂。

3.1.3.1　火焰喷涂

火焰喷涂是最早发明的喷涂方法，是利用燃气乙炔、丙烷、甲基乙炔—丙二烯（MPS）、氢气或天然气与助燃气体氧混合燃烧作为热源，喷涂材料以一定的传输方式进入火焰，加热到熔融或软化状态，依靠气体或火焰加速喷射到基体上形成涂层。根据喷涂材料的不同，可分为丝材火焰喷涂和粉末火焰喷涂。

（1）丝材火焰喷涂

丝材火焰喷涂主要是利用氧乙炔燃烧的热源，将连续、均匀送入火焰中的喷涂丝材加热、熔融，再通过高压气体雾化成微粒状，直接喷射到预先处理过的工件表面，连续沉积形成金属、合金涂层。这种工艺方法是目前国内最常用的热喷涂技术之一，主要喷涂锌、铝、锌铝合金材料，用于大型钢结构件的长效防腐蚀。

丝材火焰喷涂由丝材火焰喷涂枪进行喷涂。喷涂源为喷嘴，金属丝经过喷嘴中心，通过围绕喷嘴和气罩形成的环形火焰，金属丝的尖端连续地被加热到其熔点，然后，由通过气罩的压缩空气将其雾化成喷射粒子，依靠空气流加速喷射到模具基体材料上，从而使熔融的粒子冷却到塑性或半塑性状态。熔化状态，也发生一定程度的氧化。粒子与基体撞击时变平并粘结到基体上，随后与基体撞击的粒子也变平并粘结到基体的粒子上，从而堆积成涂层(图 3-3)。

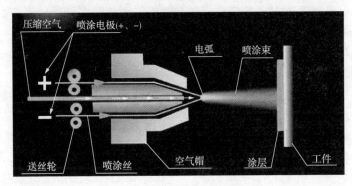

图 3-3　丝材火焰喷涂

（2）粉末火焰喷涂

粉末火焰喷涂是以氧乙炔火焰为热源，把自熔剂合金粉末喷涂在经过预处理的工件表面上，在保证工件不熔化的前提下，加热涂层，使其熔融并润湿工件，通过液态合金与固态工件表面的相互溶解、扩散，形成冶金结构并具有特殊性能的表面熔覆层。粉末火焰喷涂与丝材火焰喷涂的原理基本相同，而且设备装置也基本与丝材火焰喷涂相类似。不同之处是喷涂材料不是丝材而是粉末。粉末火焰喷涂只是将送丝机构改为与喷枪固定规格的送粉装置，粉末材料可以是金属粉、合金粉、复合粉、碳化物粉、陶瓷粉。

粉末火焰喷涂中一般没有压缩空气参与雾化、加速，喷涂粒子的推动力直接来自燃料气的作用，故喷涂粒子飞行速度较小，涂层结合强度较低，孔隙率较高。中性焰是最常用的热喷涂火焰，中性焰喷涂时，喷涂材料既不易被氧化，也不会由于过剩乙炔的分解而带来增碳，能较好地保证喷涂层的质量，适用于任何金属及其合金的喷涂。粉末火焰喷涂喷枪所喷出的颗粒速度较高，火焰温度低，因此涂层的结合强度及涂层本身的综合强度都比较低，且比其他喷涂方法得到的孔隙率高。

（3）火焰喷涂技术的特点

火焰喷涂技术的优点主要有：①一般金属、非金属基体均可喷涂，基体的形状和尺寸通常也不受限制，但小孔目前尚不能喷涂；②涂层材料广泛，金属、合金、陶瓷、复合材料均可作为涂层材料，可使表面具有各种性能，如耐腐蚀、耐磨、耐高温、隔热等；③涂层的多孔性组织有储油润滑和减摩性能，含有硬质相的喷涂层宏观硬度可达 450HB，喷焊层可达 65HRC；④火焰喷涂对基体影响小，基体表面受热温度为 200~250℃，整体温度约 70~80℃，故基体变形小，材料组织不发生变化。

火焰喷涂技术的缺点：①喷涂层与基体结合强度较低，不能承受交变载荷和冲击载荷；②基体表面制备要求高；③火焰喷涂工艺受多种条件影响，涂层质量尚无有效检测方法。

3.1.3.2 爆炸喷涂

爆炸喷涂是在特殊设计的燃烧室里，将氧气和乙炔气按一定的比例混合后引爆，释放出热能和冲击波，使料粉加热熔化并使颗粒以 700~800m/s 的高速撞击在零件表面形成涂层的方法。

爆炸涂层形成的基本特征，一般认为仍然是高速熔融粒子碰撞基体的结果。爆炸喷涂的最大特点是粒子飞行速度高、动能大，所以爆炸喷涂涂层具有：①涂层和基体的结合强度高；②涂层致密，气孔率很低；③涂层表面加工后粗糙度低；④工件表面温度低。爆炸喷涂可喷涂金属、金属陶瓷及陶瓷材料，但是由于该设备价格高、噪声大，属氧化性气氛等原因，国内外应用还不广泛。

爆炸喷涂最大的特点就是以突然爆炸的热能加热熔化喷涂材料，并利用爆炸冲击波产生的高压把喷涂粉末材料高速喷射到工件基体表面形成涂层，其主要特点如下：

（1）可喷涂的材料范围广。从低熔点的铝合金到高熔点的陶瓷，粉末粒度 10~120μm。

（2）工件热损伤小。因为爆炸喷涂是脉冲式的，每次受热气流和颗粒冲击时间短，氮气对工件又起冷却作用，工件温度低于 200℃，基体热损伤小，不会产生变形和相变。

（3）涂层的厚度容易控制，加工余量小，维修操作方便。

（4）爆炸喷涂涂层的粗糙度低，可能低于 1.60μm，经磨削加工后粗糙度可达 0.025μm。

（5）喷涂过程中，碳化物及碳化物基粉末材料不会产生碳分解和脱碳现象，从而能保证涂层组织成分与粉末成分的一致性。

（6）氧气的消耗少，运行成本低。

3.1.3.3 超音速火焰喷涂

超音速火焰（HVOF）是利用丙烷、丙烯等碳氢系燃气或氢气与高压氧气在燃烧室内混合，或在特殊的喷嘴中爆炸式燃烧，产生的高温、高速燃烧焰流，喷涂粉末由氮气或氩气从燃烧室中心送入，燃烧室产生的高温气体连同粉末经拉法尔喷管或混合气体点燃后产生爆震，在喷嘴处以超音速喷出，于工件上碰撞沉积形成涂层。在喷涂机喷嘴出口处产生的焰流速度一般为音速的 4 倍，即约 1520m/s，最高可达 2400m/s(具体与燃烧气体种类、混合比例、流量、粉末质量和粉末流量等有关)。粉末撞击到工件表面的速度估计为 550~760m/s，与爆炸喷涂相当。

超音速火焰喷涂是在 20 世纪 80 年代初期，由美国 Browning 公司研制成功，并且以 Jet-Kote 为商品推出。超音速火焰喷涂设备的核心为喷枪，喷枪由燃烧室(使喷涂材料粒子得到充分加热)、Laval 喷嘴(将焰流加速到超音速)和等截面长喷管(使喷涂材料粒子得到充分加速)三部分组成。Jet-Kote 法之所以能有这么高的速度，关键在于按流体力学的原理合理设计制造了一个喷嘴，称之为 Laval 管的膨胀管，其原理如图 3-4 所示。采用这种设计的膨胀管，流体在速度低时，只要经过足够压缩，即可在管子某一截面达到声速，过了这一截面后，将获得超音速。

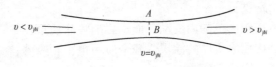

图 3-4　Laval 管示意图

经过几年的应用开发，该方法的优点逐渐被认识和接受。于 20 世纪 80 年代末到 90 年代初期，先后又有数种 HVOF 喷涂系统研制成功，并投入市场。如金刚石射流(Diamond-jet)、冲锋枪(Top-gun)、连续爆炸喷涂(CDS, Continuous detonation spraying)、射流枪(J-gun)、高速空气燃料系统(HVAF, High-velocity air-fuel)等(图 3-5、图 3-6)。

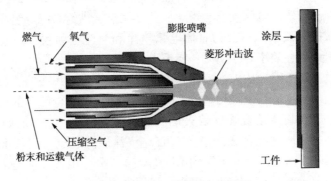

图 3-5　超音速火焰喷涂示意图

超音速火焰喷涂法具有如下的特点：

① 超音速火焰及微粒的运动速度高、温度较低，可以有效地抑制 WC 等粉末在喷涂过程中的分解，适于喷涂金属粉末、Co-WC 粉末以及低熔点 TiO_2 陶瓷

图 3-6 超音速火焰喷涂枪

粉末；

② 由于微粒的运动速度高，在高温中及空气中的暴露时间短，使涂层中的氧化物含量低，化学成分和相的稳定性较好；

③ 粉粒尺寸小（10～53μm）、分布范围窄，否则不能熔化；

④ 涂层结合强度、致密度高，无分层现象，使得各项性能大幅度提升，超过了等离子喷涂层，与爆炸喷涂层相当，也超过了电镀硬铬层、喷熔层，应用极其广泛；

⑤ 涂层表面粗糙度低；

⑥ 喷涂距离可在较大范围内变动，而不影响喷涂质量；

⑦ 可得到比爆炸喷涂更厚的涂层，残余应力也得到改善；

⑧ 喷涂效率高，操作方便；

⑨ 噪声大（大于120dB），需有隔音和防护装置。

3.1.3.4 电弧喷涂

电弧喷涂是将两根金属线材用电机驱动送至喷嘴口，达到一定距离时产生短路电弧，端部熔化，用高速气流把熔化的金属雾化，并对雾化的金属粒子加速使它们喷向工件形成涂层的技术。电弧喷涂是钢结构防腐蚀、耐磨损和机械零件维修等实际应用工程中最普遍使用的一种热喷涂方法。电弧喷涂系统一般是由喷涂专用电源、控制装置、电弧喷枪、送丝机及压缩空气供给系统等组成。

电弧喷涂按电弧电源可分为直流电弧喷涂和交流电弧喷涂。直流：操作稳定，涂层组织致密，效率高。交流：噪声大。

一般来说，电弧喷涂比火焰喷涂粉末粒子所含热量更大一些，粒子飞行速度也较快，因此，熔化的粒子打到基体上时，形成局部微冶金结合的可能性要大得多。所以，涂层与基体结合强度较火焰喷涂高1.5～2.0倍，喷涂效率也较高。电弧喷涂还可方便地制造合金涂层或"伪合金"涂层。通过使用两根不同成分的丝材和使用不同进给速度，即可得到不同的合金成分。电弧喷涂与火焰喷涂设备相似，同样具有成本低、一次性投资少、使用方便等优点。

但是，电弧喷涂的明显不足是喷涂材料必须是导电的焊丝，因此只能使用金属，而不能使用陶瓷，限制了电弧喷涂的应用范围。

近些年来，为了进一步提高电弧喷涂涂层的性能，国外对设备和工艺进行了较大的改进，公布了不少专利。例如，将甲烷等加入压缩空气中作为雾化气体，以降低涂层的含氧量。日本还将传统的圆形丝材改成方形，以改善喷涂速率，提高了涂层的结合强度。

3.1.3.5　等离子喷涂

等离子喷涂技术是采用由直流电驱动的等离子电弧作为热源，将陶瓷、合金、金属等材料加热到熔融或半熔融状态，并以高速喷向经过预处理的工件表面而形成附着牢固的表面层的方法(图3-7)。

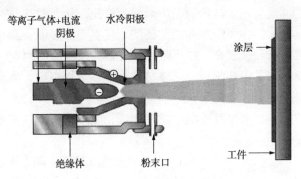

图3-7　等离子喷涂示意图

等离子喷涂技术是继火焰喷涂之后大力发展起来的一种新型多用途的精密喷涂方法，等离子喷涂由于具有喷涂效率高、可喷涂几乎所有难熔金属和非金属粉末，喷涂涂层具有致密、结合强度高、耐磨、耐蚀及耐热等优点，近十几年来发展迅速，并已在现代工业和尖端科技被广泛采用。它具有以下特点：

①超高温特性，便于进行高熔点材料的喷涂。等离子喷涂是利用等离子弧进行的，离子弧是压缩电弧，与自由电弧相比较，其弧柱细、电流密度大、气体电离度高，因此具有温度高、能量集中、弧稳定性好，可以熔化几乎所有难熔金属和非金属粉末，可作喷涂用材料的范围广泛，可以用来制备多种多样化的涂层。

②喷射粒子的速度高，涂层致密，粘结强度高。由于喷涂粒子的飞行速度可高达 $200\sim500\text{m/s}$，所以得到的涂层平整光滑、致密度高，而且粉末沉积率很高。

③由于使用惰性气体作为工作气体，保护了基体和粉末不会受到氧化，涂层内杂质少。喷涂过程中基体不带电、不熔化，基体与喷枪相对移动速度快，使得基体组织不发生变化。不会因为受热而对基体的形状和性能造成影响。

④操作简单，设备维护成本低，调节性能好。

3.1.3.6　电热法喷涂

电热法喷涂是指加热喷涂材料的热源采用电流，主要包括：电爆喷涂、感应加热喷涂和电容放点喷涂等三种喷涂方法。

电爆喷涂：指在一定的气体介质环境下，在极短的时间内（～10μs）向导电的喷涂材料施加脉冲高压，使之熔化、部分气化，形成等离子体，迅速膨胀并爆炸，其中部分尚未气化的液态颗粒则在爆炸产生的冲击力作用下，高速（可达到600 m/s）向周围溅射，渗透进基体材料表面，并急剧冷却形成与基体材料之间具有"微焊接"过渡层的涂层。喷涂过程所用时间极短，基体材料不会受热过程的影响。简而言之，就是在线材两端通以瞬间大电流，使线材熔化并发生爆炸，将喷涂材料迅速沉积在工件表面的方法。此法不仅能喷涂平面，而且也能喷涂圆筒的内表面，涂层的结合强度高，比火焰喷涂和等离子喷涂高数倍。

感应加热喷涂：采用高频涡流把线材加热，然后用高压气体雾化并加速的喷涂方法。

电容放电加热：利用电容放电把线材加热，然后用高压气体雾化并加速的喷涂方法。

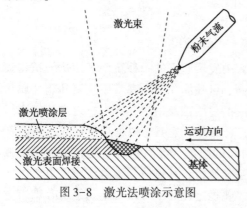

图3-8　激光法喷涂示意图

3.1.3.7　激光法喷涂

激光法喷涂是把高密度能量的激光束朝着接近于零件的基体表面的方向直射，基体同时被一个辅助的激光加热器加热，这时，细微的粉末以倾斜的角度被吹送到激光束中熔化粘结到基体表面，形成了一层薄的表面涂层，与基体之间形成良好的结合（见图3-8，喷涂环境可选择大气气氛、惰性气体气氛或真空下进行）。

3.1.4　等离子喷涂技术对材料冲蚀和疲劳行为的影响

等离子喷涂材料的种类繁多，从金属、合金、陶瓷到复合材料，所获得的涂层性能存在很大差异，涂层的设计主要由机件的使用环境、服役条件等来确定。在耐蚀涂层方面，Zn、Al、Zn-Al合金涂层均是很好的常见选择，这不仅与阴极保护作用有关，涂层本身也具有良好的抗腐蚀作用。耐磨损涂层方面，研究表明在机件表面喷涂某些铁基、镍基、钴基材料或者在这些喷涂材料中加入WC、Al_2O_3、Cr_2O_3、ZnO_2等陶瓷颗粒获得复合涂层，可显著提高机件的磨损抗力。在浆体冲刷腐蚀涂层方面，李秀兵等人的研究表明在机件表面喷涂WC颗粒增强金属基复合粉末可显著提高浆体冲刷腐蚀抗力，刘胜林等人的研究表明在1Cr18Ni9Ti

不锈钢表面等离子喷涂 Ni46 合金粉末，也可以明显改善基材的抗砂浆冲刷腐蚀性能。

但是由于以下原因，往往会损害机件的抗疲劳性能：第一，喷涂过程中，熔融的颗粒会与周围介质发生化学反应，在喷涂层中形成夹杂物；第二，颗粒的陆续堆积和部分颗粒的反弹散失，会在颗粒之间不可避免形成一部分孔隙或空洞；第三，涂层与基材表面之间的结合以及涂层颗粒之间属于范德华力或次价键形成的结合，结合强度有限等。另外，由于在大攻角下材料的固体粒子冲蚀机制主要为多冲型疲劳破坏，因此这些特点也会对其固体粒子冲蚀性能造成损伤。邓春明等人的研究表明，WC-Co 涂层虽然提高了 300M 钢的耐磨损性能，但是却显著降低了其疲劳性能。鲍君峰等人研究了 WC-Co 涂层的抗固体粒子冲蚀性能，结果表明在 90°攻角下，因为涂层的层状结构和涂层层间界面呈现较弱的机械结合界面的特性，以及片层间存在氧化夹杂和孔洞等缺陷，一方面容易形成应力集中，另一方面涂层的层间结合强度远小于涂层扁平状粒子本身的断裂强度，因此在大量粒子连续冲击下容易形成疲劳裂纹，裂纹沿涂层内部的亚界面快速向内部扩展，当一裂纹与另一裂纹相遇时，即造成涂层呈片状剥落。因此，热喷涂涂层的冲蚀行为显示出脆性材料的冲蚀特性。高能量冲蚀(高冲蚀角、大颗粒、高速度等)情况下，涂层内颗粒结合面会发生破坏，导致颗粒剥落，产生严重冲蚀，其冲蚀可能比基体材料要严重得多。而在低能量冲蚀条件下(低冲蚀角、小颗粒等)，冲蚀主要由犁削或划伤机制决定，高耐磨热喷涂涂层可有效地增加抗冲蚀性能。因此，目前采用包括等离子喷涂在内的热喷涂涂层解决高能量冲蚀情况下的叶片冲蚀损伤时，仍然存在未能得到很好解决的问题。除此之外，等离子喷涂层的表面粗糙度较高，对于那些表面光洁度要求高的航空发动机叶片来说，就需要在喷涂后进行抛光后处理，这明显增加了加工的难度和成本；同时等离子喷涂层较难控制在较薄的涂层厚度(数微米大小)范围，因此在高精度形面尺寸要求的叶片表面上应用受到了限制。

3.2 离子氮化技术

3.2.1 离子氮化技术的原理

离子氮化(或离子渗氮)作为强化金属表面的一种利用辉光放电现象，将含氮气体电离后产生的氮离子轰击零件表面加热并进行氮化，获得表面渗氮层的离子化学热处理工艺。离子轰击化学热处理是近二三十年发展起来的一个新兴领域，离子氮化是其中应用最广泛的一种。广泛适用于铸铁、碳钢、合金钢、不锈钢及钛合金等。零件经离子渗氮处理后，可显著提高材料表面的硬度，使其具有高的耐磨性、疲劳强度、抗蚀能力及抗烧伤性等。

离子氮化是利用辉光放电原理进行的。辉光放电是当气体越过电晕放电区后，若减小外电路电阻，或提高全电路电压，继续增加放电功率，放电电流将不断上升。同时辉光逐渐扩展到两电极之间的整个放电空间，发光也越来越明亮。当电子能提高，也就是增强电场的操作参数，则能使电晕放电过渡到辉光放电。离子渗氮向工件表面渗入的氮原子，不是像一般气体那样由氨气分解而产生的，而是由被电场加速的粒子碰撞含氮气体分子和原子形成的离子在工件表面吸附、富集而形成的活性很高的氮原子。

离子渗氮时，工件放在炉内的阴极盘上，接上电源抽真空，当炉内压力降到6Pa 左右时，充入氨气，使炉内压保持在 $1.3\times10^2 \sim 1.3\times10^3$Pa 范围内。由于炉内压力低，随后又经过加热作用，进入炉内的氨气将发生分解：$2NH_3 \Longrightarrow N_2+3H_2$，炉内反应所得到的气体的体积分数为 $25\%N_2$ 和 $75\%H_2$ 的低压环境。

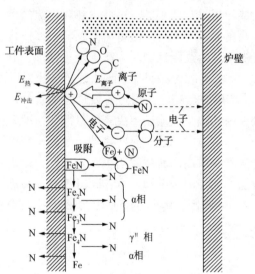

图3-9 离子氮化技术示意图

在以含氮气体的低真空炉体内的条件下，气源通常采用纯氨，也可采用分解氨。把金属工件作为阴极，炉体为阳极，在阴极(工件)与阳极(炉体)之间加上高压(300~900V)直流电源后，稀薄气体被电离并产生辉光放电，形成氮、氢阳离子，在阴阳极之间形成等离子区。在等离子区强电场作用下，氮和氢的正离子以高速向工件表面轰击。离子的高动能转变为热能，加热工件表面至所需温度。氮、氢等正离子在电场的加速下轰击零件表面，产生很大热量以加热零件，同时使部分铁原子溅射出来与氮结合生成 FeN。由于离子的轰击，工件表面产生原子溅射，因而得到净化，同时由于吸附和扩散作用，继而分解出活性氮原子向工件内部扩散而形成氮化层。其在工件表面形成渗氮层，主要有能量转换、阴极溅射、凝附等具体过程的发生(图3-9)。

3.2.2 离子氮化技术的特点

离子渗氮是在低真空含氮气氛中，利用模具(阴极)和阳极之间产生的辉光放电进行渗氮的工艺，与气体渗氮相比，有以下优点：

(1) 工作环境无害化，劳动条件好。由于离子氮化法不是依靠化学反应作用，而是利用离子化含氮气体进行氮化处理，所以工作环境十分清洁而无须防止公害的特别设备。气源为氮气、氢气和氨气，基本上无有害物质产生。因而，离子氮化法也被称作"绿色"氮化法。

(2) 渗入速度快。由于离子氮化法利用离子化气体的溅射作用，因而可显著地缩短处理时间(离子渗氮的时间仅为普通气体渗氮时间的 1/3~1/5)。

(3) 能源消耗少。由于离子氮化法利用辉光放电直接对工件进行加热，也无须特别的加热和保温设备，且可以获得均匀的温度分布，与间接加热方式相比加热效率提高两倍以上，达到节能效果，可大大降低处理成本，电能消耗为气体氮化的 1/2~1/5，氨气消耗为气体氮化的 1/5~1/20。

(4) 零件变形小。渗氮层脆性小，离子氮化表面形成的白层很薄甚至没有，另外引起的变形小，特别适宜于形状复杂的精密零件。

(5) 渗氮组织易于控制，易于实现局部氮化。通过调节氮、氧及其他(如碳、硫等)气氛的比例，可自由地调节化合物层结构、渗层厚度和相组织，从而获得预期的机械性能。另外，只要设法使不欲氮化的部分不产生辉光即可，非渗氮部位便于保护，采用机械屏蔽、用铁板隔断辉光，即可保护。

(6) 适应范围广泛。离子轰击有净化表面作用，自动去除钝化膜，不锈钢、耐热钢材料无须预先去除钝化膜，因此适用材料范围十分广泛，包括要求氮化温度高的不锈钢、耐热钢，以及氮化温度较低的工模具(工具钢)和精密零件，而低温氮化对气体氮化来说是相当困难的。

(7) 处理温度范围较宽，即使在 350℃ 以下也能获得一定厚度的渗氮层。

离子渗氮也存在一定缺点，主要有：操作流程比气体渗氮复杂，需要控制的工艺参数较多，测量温度和控制温度均匀比较难；装炉时有严格要求，装炉不妥或形状不同、大小不同的零件混装炉容易出现渗氮层不均匀等问题，易造成废品或返修；设备费用较贵，有时还需要配置辅助阳极等。

3.2.3 离子氮化技术对材料冲蚀和疲劳行为的影响

离子氮化早在 1931 年就已在实验室里取得成功并获专利，所运用的辉光放电，是气体放电的一种重要形式。低气压辉光放电的击穿机制是：从阴极发射电子，在放电空间形成相应离子，由此产生的正离子再轰击阴极使其发射出更多的电子。按其状态，辉光放电又可分为前期辉光、正常辉光和异常辉光三个不同阶段。而大电流的稳定辉光放电设备的制造技术在当时有较大的困难；到20世纪50年代仅用于炮管内膛氮化；60年代初，人们在掌握辉光放电技术后，推广应用于结构钢、工模具钢、球墨铸铁、合金铸铁、不锈钢和耐热钢等，零件有轧辊、锻模、冲模、铣刀、塑料成形机螺杆、柴油机缸套等。目前世界各国包括我国在内，离子氮化生产已获得迅猛发展。

离子氮化技术主要仪器就是离子氮化炉，通过离子渗氮可以使渗氮的周期缩短60%~70%，简化工序、零件变形小、产品质量好、节约能源、无污染，是近年来发展较快的热处理工艺。离子氮化设备由氮化炉、真空系统、供氮系统、电源及温度测控系统组成。氮化介质一般采用氨或氮氢混合气体。离子氮化操作要求严格，否则易导致溢度不均匀和弧光放电。

由于离子氮化具有诸多优点，因此在提高叶片材料表面性能，特别是耐磨与抗疲劳性能方面展示出诸多优势，目前离子氮化在工业风机等动力装置转子叶片表面强化方面得到了一定的应用。

但是，由于常规离子氮化(温度在600℃左右)在提高不锈钢材料表面硬度和摩擦学性能的同时，会使氮化层中析出铬氮化合物，导致不锈钢基体中 Cr 含量减少，显著降低其耐腐蚀性能，从而限制了离子氮化技术在工程中的应用。近年来 Bell 等人研究发现低温离子氮化(≤450℃)能够在提高奥氏体不锈钢表面硬度的同时，提高基材的耐腐蚀性能。最近 C. X. Li 等人研究也表明，马氏体不锈钢低温离子氮化处理同样能够获得耐腐蚀性能好的表面改性强化层。然而，目前关于低温离子氮化的研究还主要是集中在提高基材的耐磨损和耐腐蚀性能方面，而关于低温离子氮化对马氏体不锈钢耐固体颗粒冲蚀、耐浆体冲刷腐蚀和抗疲劳性能方面有怎样的影响尚未见报道，其作用机理也需要探讨。

3.3 物理气相沉积技术

3.3.1 物理气相沉积技术的分类及特点

物理气相沉积(Phsical Vapour Deposition, PVD)技术是指在真空条件下，利用物理的方法，将材料气化成原子、分子或使其电离成离子，并通过气相过程，在材料或基体表面沉积一层具有某些特殊性能的薄膜的技术方法。常见的 PVD 方法主要有真空蒸镀、磁控溅射、离子镀及离子束增强沉积等技术。

PVD 技术不仅能发挥原有材料的性能，节约材料和能源，提高经济效益，而且可为金属材料提供某些特殊性能(如抗磨、减摩润滑、抗氧化、抗粘结等)。PVD 技术中的真空蒸镀主要用于装饰膜层和光学膜层制备，而对于提高材料表面力学、化学、机械性能方面，则采用等离子体参与的离子镀、溅射沉积等 PVD 方法。

(1)真空蒸镀。简称蒸镀，是指在真空条件下，采用一定的加热蒸发方式蒸发镀膜材料(或称膜料)并使之气化，粒子飞至基片表面凝聚成膜的工艺方法。

蒸镀是使用较早、用途较广泛的气相沉积技术，具有成膜方法简单、薄膜纯度和致密性高、膜结构和性能独特等优点。蒸镀的物理过程包括：沉积材料蒸发或升华为气态粒子→气态粒子快速从蒸发源向基片表面输送→气态粒子附着在基片表面形核、长大成固体薄膜→薄膜原子重构或产生化学键合。将基片放入真空室内，以电阻、电子束、激光等方法加热膜料，使膜料蒸发或升华，气化为具有一定能量(0.1~0.3eV)的粒子(原子、分子或原子团)。气态粒子以基本无碰撞的直线运动飞速传送至基片，到达基片表面的粒子一部分被反射，另一部分吸附在基片上并发生表面扩散，沉积原子之间产生二维碰撞，形成簇团，有的可能在表面短时停留后又蒸发。粒子簇团不断地与扩散粒子相碰撞，或吸附单粒子，或放出单粒子。此过程反复进行，当聚集的粒子数超过某一临界值时就变为稳定的核，再继续吸附扩散粒子而逐步长大，最终通过相邻稳定核的接触、合并，形成连续薄膜。

(2)磁控溅射。磁控溅射系统是在基本的二极溅射系统基础上发展起来的，解决了二极溅射镀膜速度比蒸镀慢得多、等离子体的离化率低和基片的热效应明显等问题。一般的溅射法可被用于制备金属、半导体、绝缘体等多种材料，且具有设备简单、易于控制、镀膜面积大和附着力强等优点。20 世纪 70 年代发展起来的磁控溅射法更是实现了高速、低温、低损伤。因为是在低气压下进行高速溅射，必须有效地提高气体的离化率。磁控溅射通过在靶阴极表面引入磁场，利用磁场对带电粒子的约束来提高等离子体密度以增加溅射率。

磁控溅射的特点：靶材选择范围广，可制备成靶材的各种材料均可作为镀层材料；在适当条件下多元靶材共溅射方式，可沉积所需组分的合金、化合物膜层；在溅射的放电气氛中加入氧、氮或其他活性气体，可沉积形成靶材物质与气体元素的化合物膜层；控制真空室中的气压、溅射功率，则可获得稳定的沉积速率，通过精确地控制溅射镀膜时间，容易获得均匀的高精度的膜厚，重复性好；溅射粒子几乎不受重力影响，靶材与基片位置可自由安排；基片与膜的附着强度是一般蒸镀膜的 10 倍以上，且由于溅射粒子带有高能量，在成膜表面会得到硬且致密的膜层，同时高能量使基片只需要较低的温度即可得到结晶膜；膜层形成初期成核密度高，故可制备结晶细致、厚度 10nm 以下的极薄连续膜。此外，磁控溅射膜层的表面光洁度比多弧离子镀高得多，但是，膜层的结合强度一般不及离子镀膜层高。

（3）离子镀。离子镀是在真空蒸发和溅射技术基础上发展起来的一种新的镀膜技术。一般而言，离子镀是指在真空条件下，利用气体放电使工作气体或被蒸发物质(镀料)部分离化，在工作气体离子或被蒸发物质的离子轰击作用下，把蒸发物或者其反应物沉积在被镀物体表面的方法。

常用的离子镀类型有：三阴极型和多阴极方式离子镀、活性反应离子镀、空心阴极离子镀、多弧离子镀，其中多弧离子镀应用范围较广。多弧离子镀是采用电弧放电的方法，在固体的阴极靶材上直接蒸发金属，蒸发物是从阴极弧光辉点放出的阴极物质的离子，从而在基材表面沉积成为薄膜的方法。

多弧离子镀的主要特点是：

① 从阴极直接产生等离子体，不用熔池，阴极靶可根据工件形状在任意方向布置，使夹具大为简化，弧源可任意方位、多源布置。

② 设备较为简单，采用低电压电源工作，比较安全；弧源既是阴极材料的蒸发源，又是离子源，一弧多用；在进行反应沉积时仅有反应气体存在，气氛控制简单。

③ 入射粒子能量高，膜的致密度高，强度和耐久性好，膜基界面产生了原子级混合，膜的结合强度高。

④ 离化率高，一般可达 60%~80%，沉积速率高，膜层制备速率高。

⑤ 传统的多弧离子镀通常工艺过程温度较高(在 500℃左右)，这对于不能承受高温的工件来说是不适宜的。

⑥ 在高的功率下，要产生飞点，从而影响镀膜的质量。

（4）离子束增强沉积技术。离子束增强沉积技术(Ion Beam Enchance Deposition, IBED)是一种将离子注入与涂层沉积融为一体的材料表面改性新技术。它是指在气相沉积镀膜的同时，采用一定能量的离子束或加速离子进行轰击，离子轰击引起沉积膜与基体材料间的原子互相混合，从而形成单质或化合物膜层。界面原子互相渗透而融为一体，从而大大改善了膜与基体的结合强度。同时由于离子束的轰击作用，可在以后的薄膜生长过程中形成完全不同于基体的特殊表层，造成具有一定厚度的优质薄膜。

离子束轰击的作用包括：①离子轰击衬底表面时，可以将离子注入衬底表面，从而形成过渡层，增强膜层与衬底的粘结特性；②离子轰击可溅射掉基体材料表面上的污染原子和氧化层，形成新鲜的活化表面，在以后的膜层沉积中能增强涂层的粘结特性；③荷能离子的轰击可将自身的能量转换到中性原子上，使沉积原子得到反冲和横向迁移，从而填平沉积膜的孔洞，增加了涂层的密度和表面的光亮度；④可以建立活化中心，增强原子的化合与成核，从而减少膜内孔洞的形成。由于离子束轰击具有上述诸多特点，因此，IBED 膜层具有结合强度高、致密性好、沉积温度相对较低等优点，在用于改善金属材料表面抗磨、减摩润滑、抗腐蚀、耐氧化等方面发挥了突出的优势。

离子束增强沉积技术具有以下主要特点：

① 是一种低温技术（<200℃），适合于电子膜、冷加工模具、低回火温度结构钢的处理。

② 对所有衬底有好的结合力(陶瓷、金属、聚合物等)。

③ 工艺控制参数为电参量(离子束能量、离子束流密度)，不需要控制气体流量等非电参量，因此工艺再现性好。

④ 是一种在室温下控制的非平衡手段，可在室温得到高温相、亚稳相及非晶态合金。

⑤ 与高真空相容($<10^{-3}$Pa)，可提高薄膜微密度、晶粒细化、消除或减轻膜的本征应力，使薄膜具有所希望的晶体学择优取向。

⑥ 利用反应离子的轰击可以控制薄膜的化学组成，保持化学计量比的稳定性；提高化学活性，形成完好的氧化物、氮化物、碳化物薄膜。

⑦ 可以方便地控制生长过程，便于实时观察研究薄膜的生长规律。

像所有新技术一样，离子束增强镀膜技术也有它本身固有的缺点：

① 如果只有溅射系统，则镀膜速度较慢，一般只能制造< 2μm 的膜厚。但如果与蒸发沉积、多弧镀、磁控溅射相结合，则可以大大提高生产效率，处理10 μm 厚的薄膜。

② 离子束具有直射性，因此如果处理异形表面将会遇到困难。

3.3.2　物理气相沉积技术对材料冲蚀和疲劳行为的影响

20 世纪 80 年代以来，Ti、Zr、Cr 等的碳化物、氮化物和硼化物陶瓷涂层因超硬、耐磨、抗冲蚀、化学稳定性高且耐腐蚀而逐渐受到人们关注。Herranen 和 Tianwei. Liu 等研究表明 TiN 涂层具有优异的磨损和腐蚀抗力，并且当表面涂层和基体之间有连接层 Ti 时，涂层的抗磨损和耐腐蚀性能会更优。李成明等研究表明 ZrN 与 TiN 相比，具有更高的熔点、硬度和化学稳定性，因而磨损和腐蚀抗力更高。张建苏等人研究表明在高温条件下，O 原子会置换 ZrN 涂层表面的 N 原子形成 ZrO_2，从而克服了 TiN 涂层高温条件下硬度和耐蚀性显著下降的缺点，具有很好的抗高温冲刷腐蚀性能。吴小梅采用多弧离子镀技术制备了 ZrN 涂层，采用增压气流颗粒冲蚀试验装置测试涂层的抗冲蚀性能发现，ZrN 涂层的小攻角抗冲蚀性能比基体钛合金提高了 16 倍，且不明显影响基体的疲劳性能。另外，国外对 TiN、ZrN 等超硬耐磨涂层作为压气机叶片的抗冲蚀涂层的研究也表明，该类涂层的耐磨损和抗冲蚀性能优异，对发动机气动性能影响小，是目前最有前景的防护涂层之一。

然而，由于大、小攻角下材料的冲蚀机制不同，在小攻角下以微切削为主，而在大攻角(接近垂直冲击)下以多冲型疲劳破坏为主，因此导致硬质涂层虽然可以很好地解决小攻角下的冲蚀破坏问题，却往往不利于大攻角下冲蚀抗力的提高。S. Lathabai 的研究表明虽然硬质陶瓷涂层在 22.5°攻角下提高了不锈钢基材的冲蚀抗力，但在 90°攻角下的冲蚀抗力却远不如基材。Krella 的研究也表明大攻角下单一的硬质 CrN 涂层极易出现严重的冲蚀破坏情况。因此，目前的研究结果普遍表明，PVD 硬质膜层对改善抗小攻角固体粒子冲蚀性能十分有效，而较难于提高大攻角下固体粒子冲蚀抗力。即使采用数 $10\mu m$ 的厚 PVD 膜层在解决大攻角下固体粒子冲蚀抗力方面取得了一定的进展，但是厚 PVD 膜层对基材疲劳性能却带了明显的不利影响。

比较上述三种典型的 PVD 膜层制备技术可以看到，作为抗固体粒子防护表面膜层的制备方法，多弧离子镀与离子束辅助沉积技术较磁控溅射技术具有更大的优势，如果将两种技术有机结合，将会有更大的优势，既可以降低工艺过程温度，同时还能够进一步改善制备膜层的综合性能。

此外，国内外还采用物理或化学渗、离子注入等工艺方法对航空发动机压气机和汽轮机高压部件表面进行强化处理，但均由于强化层深度的限制，导致这类部件的工作寿命至今仍未得到大幅度地提高。因此，如何进一步改善动力装置中零部件的抗冲蚀、抗疲劳和耐腐蚀性能，提高其使用寿命是动力装置制造与维修技术进步的重要课题之一。

3.4 喷丸强化技术

3.4.1 喷丸强化技术的分类及特点

喷丸强化(Shot Peening, SP)也称喷丸处理，是一种广泛使用的材料表面冷加工方法，可实现表面清理、成形、校正和机械强化等多种功能，也是减少零件疲劳、提高寿命的有效方法之一，喷丸处理就是将高速弹丸流喷射到零件表面，使零件表层发生塑性变形，而形成一定厚度的强化层，强化层内形成较高的残余应力，由于零件表面压应力的存在，当零件承受载荷时可以抵消一部分应力，从而提高零件的疲劳强度。

喷丸处理可以改善机械零件的疲劳强度、耐磨性和粗糙度等性能，其应用也越来越广泛，随着技术要求的提高，新型喷丸处理技术得到了发展。综述了国内外传统喷丸处理技术的研究及发展现状，阐述了新型喷丸处理技术的特点和使用条件，分析了喷丸强化处理技术在实际应用中的限制条件，指出今后的研究重点应为开发复合喷丸强化技术、开拓新的应用方向及加强理论研究。

喷丸又分为喷丸和喷砂。用喷丸进行表面处理，打击力大，清理效果明显。但喷丸对薄板工件的处理，容易使工件变形，且钢丸打击到工件表面(无论抛丸或喷丸)使金属基材产生变形，由于 Fe_3O_4 和 Fe_2O_3 没有塑性，破碎后剥离，而油膜与基材一同变形，所以对带有油污的工件，抛丸、喷丸无法彻底清除油污。在现有的工件表面处理方法中，清理效果好的还数喷砂清理。喷砂适用于工件表面要求较高的清理。但是我国通用喷砂设备中多由铰龙、刮板、斗式提升机等原始笨重输砂机械组成。用户需要施建一个深地坑及做防水层来装置机械，建设费用高，维修工作量及维修费用极大，喷砂过程中产生大量的矽尘无法清除，严重影响操作工人的健康并污染环境。

喷丸强化分为一般喷丸和应力喷丸。一般处理时，钢板在自由状态下，用高速钢丸打击钢板的里面，使其表面产生预压应力。以减少工作中钢板表面的拉应力，增加使用寿命。应力喷丸处理是将钢板在一定的作用力下的预先弯曲，然后进行喷丸处理。

3.4.2　喷丸强化技术对金属材料疲劳和冲蚀行为的影响

（1）喷丸强化技术对金属抗疲劳性能的影响

喷丸强化技术主要从表面粗糙度、残余应力、微观组织等三个方面对金属的疲劳性能产生影响。其中，表面粗糙度对疲劳性能的影响最大；其次是残余应力的影响，残余压应力越大疲劳寿命越大，残余拉应力对疲劳寿命有害；微观组织影响最小，加工产生的晶粒细化、高密度位错等对疲劳寿命有利。

表面粗糙度方面的影响。吴凌飞等人研究发现，采用表面粗糙度 $R_a \leqslant 0.4 \mu m$ 时，经 0.25mmA 铸钢丸喷丸强化后疲劳寿命提高了约 2 个数量级，裂纹源从表面转向表层；R_a 为 1.6~2.0μm 时，经 0.35mmA 铸钢丸喷丸强化后疲劳寿命提高 23 倍，裂纹源仍然在表面。季秀生等人通过研究喷丸强化后表面粗糙度和疲劳寿命的关系，提出表面粗糙度是影响疲劳性能的因素之一，较好的表面粗糙度可以获得较好的疲劳性能。Andre 等人发现，当工件表面凸起缺陷超过材料固有缺陷时,表面粗糙度对疲劳寿命具有显著影响;裂纹源产生于气孔、夹杂物和机加缺陷处,表面划痕、擦伤等缺陷易产生应力集中,加剧裂纹的产生与扩展,造成疲劳断裂;光滑表面阻碍零件表面裂纹源的产生和扩展。

残余应力方面的影响。残余应力是材料受机械外力和热应力共同作用后产生的自相平衡的应力。通过表面硬化处理产生残余压应力,可有效提高疲劳强度。James 研究发现,喷丸后叶片残余应力小于 600MPa 时,可以大大提高其疲劳寿命。Torres 发现,随着喷丸强度的增加,最大残余压应力增加,残余压应力场宽度增加,表面残余应力受喷丸参数影响较小,喷丸残余压应力场使中等和高周循环的疲劳裂纹产生于表面之下,所有低周应力循环下和未喷丸试件疲劳裂纹均产生于表面。Smith 研究了高强度钢 AISI52100 在 5 种加工工艺下表面完整性对疲劳性能的影响。结果表明:残余应力对疲劳寿命并一定不是有害的,疲劳寿命与表面残余压应力及最大残余压应力成正比。高玉魁对钛合金 TC18 喷丸强化后的表面粗糙度、残余压应力及疲劳性能进行了研究,发现喷丸强化使钛合金疲劳裂纹源由多源变为单源,疲劳裂纹源萌生于表面强化层下,钛合金疲劳强度可提高 30%左右。

微观组织方面的影响。微观组织是影响疲劳强度的第三个重要因素,表层金属塑性变形增大,使表层组织硬化和晶粒变细,形成致密的纤维状,能有效阻止晶体滑移并形成残余压应力层,从而改善工件表面的耐磨性和耐蚀性。Altenberger 等研究了滚压强化处理对 Ti-6Al-4V 高温疲劳寿命的影响,发现550℃条件下,尽管残余应力松弛较为严重,但滚压强化仍能有效延缓疲劳裂纹的扩展,提高疲劳寿命,此时滚压强化形成的晶粒细化对疲劳寿命的影响占主导地位。王仁智提出了"疲劳裂纹萌生微细观过程理论"和"内部疲劳极限",给出喷丸强化机理中存在应力强化机制和组织结构强化机制,发现喷丸后的表面应变层产生高的位错密度和晶粒细化有利于提高疲劳性能。张建斌等研究了喷丸强化中 TA2 显微组织对疲劳性能的影响,发现喷丸强化表层有高密度位错、变形带和准孪晶栅栏出现,近表面强化层组织中形成的高密度位错和大量变形孪晶是疲劳强度提高的主要因素。田唐永对比不同晶粒度 TC4 钛合金疲劳性能得出,晶粒越细,疲劳强度越好,湿喷丸强化效果越明显。因此可知,加工产生的晶粒细化层、近表面强化层组织中形成的高密度位错和大量变形孪晶有利于提高疲劳性能。

(2) 喷丸强化技术对金属冲蚀行为的影响

喷丸强化技术对金属冲蚀行为的影响主要包括三个方面:残余压应力引入、表面粗糙度增大和表面加工硬化等。三种影响因素的主次根据入射角度、粒径大小和材料种类各有不同,规律性目前尚不明确。

韩栋等人探讨了喷丸强化(SP)因素对 Ti-6Al-4V 钛合金固体粒子冲蚀(SPE)行为的影响和作用机制。结果表明：Ti6Al4V 合金表面直接喷丸处理，其 SPE 抗力无明显改变；SP 处理后进行表面抛光，Ti6Al4V 合金 SPE 抗力明显增加。SP 造成的表面粗糙度增大导致了钛合金在大小冲击攻角下的 SPE 抗力的下降；SP 引入的表面残余压应力对提高钛合金在 90° 大攻角下的 SPE 抗力起了重要作用，原因是 SP 残余压应力增加了裂纹闭合力和抑制了疲劳裂纹早期扩展；SP 引起的表面加工硬化作用对提高钛合金在 30° 小攻角下的 SPE 抗力有重要贡献，这归于加工硬化提高了材料表面在小攻角下的微犁削抗力。Marteau 等人发现不同工艺参数对 316L 不锈钢表面粗糙度的影响应采用不同的表面粗糙度参量。YIN 等人采用试验结合仿真的 方法研究了超声喷丸 AISI-1018 钢后其表面形貌的变化，发现丸粒越大表面越粗糙，且随着喷丸时间的延长表面粗糙度下降。罗鹏等人采用撞针式超声喷丸对 42CrMo 钢进行处理，发现冲击针头直径越小、电流强度越大，强化层越深，且试验钢的表面粗糙度随着冲击针头直径减小和冲击速度增大而增大。ZHU 等人研究了超声喷丸工艺参数对纯钛表面粗糙度的影响，发现喷丸时间间隔越小，表面粗糙度越大，在达到某极限值后趋于稳定，丸粒直径、冲击振幅的增大和喷丸距离的减小均会导致表面粗糙度增大。

喷丸强化方法具有实施方便、效果显著、适应面广、消耗低等多种优势，在飞机、坦克、汽车和各种机械设备的齿轮、轴承、焊接件、弹簧、涡轮盘、叶片及模具、切削工具等的表面清理和提高疲劳强度方面发挥了重要的作用。

第4章

喷丸强化对叶片疲劳与
冲蚀行为的影响

喷丸强化(Shot Peening，SP)能够显著提高金属材料的疲劳抗力，因而在转子叶片表面处理上得到了重要应用。然而，很少见关于喷丸强化能否有效地改善不锈钢等金属材料的抗固体粒子冲蚀(SPE)性能的研究报道。SP 处理会导致材料表面产生如下变化：在金属材料表面层引入残余压应力，造成表面加工硬化与组织改变，引起表面粗糙度增大，此即 SP 作用三因素。关于这些因素对金属材料的抗 SPE 行为的影响和作用机制的研究尚未见开展。金属材料在小攻角下的SPE 失效机制以微切削或犁削为主，而在大攻角下的 SPE 失效机制以多冲型疲劳破坏为主。由此推知，SP 造成的表面加工硬化应对小攻角下 SPE 抗力有改善作用，而 SP 引入的表面残余压应力对提高大攻角下 SPE 抗力可望产生有益效果。基于上述背景，本章在评价喷丸强化对 2Cr13 马氏体不锈钢疲劳行为影响的基础上，探讨 SP 对 2Cr13 钢 SPE 抗力的作用规律和机制，旨在为提高叶片零部件的服役性能提供参考。

金属材料 SP 处理后，不仅会在材料表面引起力学性能变化，而且还会使其表面的物理性能或组织结构发生明显变化，如晶粒细化、位错密度变化及相转变等，这些均会对耐腐蚀性能产生影响。迄今为止，关于 SP 处理对金属材料耐腐蚀性能的影响研究还不够充分，且相关报道不尽相同，对作用机制的认识也不统一。如 A. Vinogradov 等对 Cu 金属 SP 处理后的耐腐蚀性能进行了研究，结果表明SP 对其耐腐蚀性能没有显著改变；T. Wang 和 Wang. L. C 等分别对 1Cr18Ni9Ti 不锈钢和黄铜进行 SP 处理，结果表明其耐腐蚀性能均有明显提高；而李雪莉等研究表明，经 SP 处理后的 Fe-20Cr 合金其耐腐蚀性能低于原始态。因此，本章对2Cr13 不锈钢 SP 处理后的耐腐蚀性能进行研究，并对其作用规律和机制进行探讨。

本章重点研究了喷丸强化因素(残余压应力引入、表面粗糙度增大和表面加工硬化等)对 2Cr13 不锈钢 SPE 行为的影响规律和作用机制。主要内容包括不锈钢叶片的喷丸强化工艺，喷丸强化因素的分离，喷丸强化对 2Cr13 不锈钢抗疲劳性能的影响，喷丸强化对 2Cr13 不锈钢固体粒子冲蚀行为的影响，喷丸强化对2Cr13 不锈钢耐腐蚀性能的影响和喷丸强化对 2Cr13 不锈钢浆体冲刷腐蚀抗力的影响等内容。

4.1 喷丸强化处理工艺

不锈钢喷丸强化技术已较成熟，并且在工业生产中得到了较广泛的应用。本书根据工业生产实践、文献研究成果，以及一定的实验筛选工作，对热处理后的 2Cr13 不锈钢试样选取表 4-1 所示的喷丸条件。喷丸强化所用设备为 33/8558 型数控喷丸机。

表 4-1　喷丸工艺参数

弹丸		角度/(°)	强度/A	气压/MPa	覆盖率/%	喷距/mm	喷枪速度/(mm/min)
材质	直径/mm						
铸钢丸	0.3	90	0.20	0.40	250	110	80

4.2　喷丸强化因素的分离

要研究喷丸强化因素对固体粒子冲蚀行为的影响，必须首先分离 SP 因素，但是完全分离 SP 因素是较难的，本书参考已有研究工作基础，采用下述方法分离 SP 因素。

（1）SP+P（Polished）：用 1000 #水砂纸轻微打磨 SP 试样表面，然后抛光至丸坑基本消失。再用 HNO_3+HCl 溶液轻微浸蚀，消除打磨对表层的影响。该处理拟降低 SP 表面的粗糙度 R_a。图 4-1 为 SP 和 SP+P 试样表面粗糙度及表面轮廓曲线，可见抛光处理后，显著降低了喷丸强化引起的粗糙度增加。

（2）SP+A（Annealed）：将 SP 试样在 200℃ 退火 20h 后用 HNO_3+HCl 溶液轻微浸蚀，以去除氧化膜的影响。该处理拟消除 SP 试样表面的残余压应力，并尽可能不影响表面粗糙度 R_a 及加工硬化的作用。

（3）SP+A+P：将 SP 试样在 200℃ 退火 20h 后再采用抛光和弱

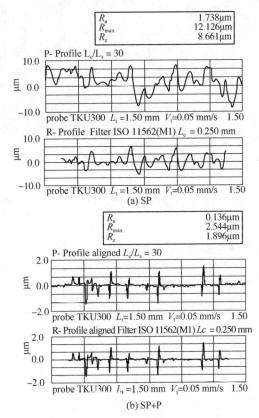

图 4-1　2Cr13 不锈钢 SP 和 SP+P 试样的表面粗糙度

腐蚀的方法，以除去表面残余压应力和粗糙度增大的影响，只保留 SP 的加工硬化作用。

图 4-2 对比了 BM(未进行表面处理)、SP、SP+P、SP+A、SP+A+P 等五种表面状态试样的残余应力、粗糙度和加工硬化情况。表面粗糙度 R_a 由 TAYLOR-HOBSON 表面轮廓仪测定，表面加工硬化以 X 射线衍射峰半高宽度 H 表示，残余压应力 σ_r 由 MSF-3M 型 X 射线应力分析仪测定。可以看到，采用上述几种表面处理，基本上可以将 SP 三因素分离开。

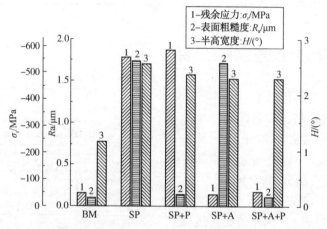

图 4-2　不同表面处理试样表面残余压应力、粗糙度和加工硬化情况比较

4.3　喷丸强化对不锈钢抗疲劳性能的影响

未处理及 SP 处理的 2Cr13 不锈钢试样的旋转弯曲疲劳极限由升降法测定，试验结果见表 4-2 和图 4-3、图 4-4。结果表明在 5×10^6 次的相同循环基数下，未处理试样的疲劳极限为 417.6MPa；经 SP 处理后试样的弯曲疲劳极限为453.2MPa，比未处理试样提高了 8.5%。说明 SP 可以提高 2Cr13 不锈钢的弯曲疲劳抗力，但是强化效果并不是十分显著。

表 4-2　未处理试样和喷丸试样的弯曲疲劳试验数据

试样状态	循环次数	疲劳极限 σ_{-1}/MPa	疲劳强度的改善
未处理	5×10^6	417.6	—
喷丸	5×10^6	453.2	提高 8.5%

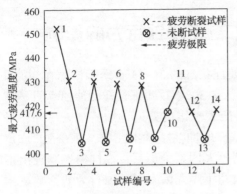
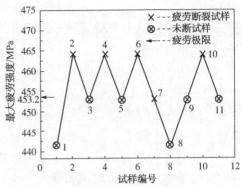

图 4-3 未处理试样的弯曲疲劳试验结果　　图 4-4 喷丸强化试样的弯曲疲劳试验结果

　　根据旋转弯曲疲劳试验的受力分析，试验机开启后，试样则会在弯曲载荷的作用下开始高速旋转，使得工作段上的各点受到连续交变应力作用，并且在极表面处的应力幅度最大。因此，未处理试样的疲劳源均产生在试样的外表面上，如图 4-5(a) 所示。试样经 SP 处理后，表层存在较高数值的残余压应力(图 4-2)，残余压应力的存在能够有效阻止疲劳裂纹的早期扩展，从而提高试样的抗疲劳性能；然而喷丸强化后试样表面的粗糙度增加，并导致表面出现一定程度的损伤，有利于疲劳裂纹的萌生；此外，2Cr13 不锈钢的强度不是太高，因此表面残余压应力的数值也不是十分高，同时在交变载荷作用下还会发生松弛。上述综合因素使得喷丸强化对 2Cr13 不锈钢弯曲疲劳抗力的提高不是十分显著。从喷丸试样的弯曲疲劳断口形貌[图 4-5(b)]可以看出，疲劳裂纹源处于次表层下。原因是表面的残余压应力最高，虽然表面的交变应力幅也是最大，但残余应力抑制裂纹扩展的有效作用更为显著。

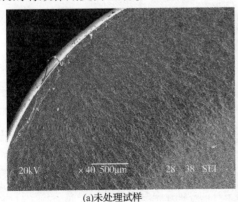

(a)未处理试样　　　　　　　　　　　(b)喷丸处理试样

图 4-5 未处理和喷丸强化试样的弯曲疲劳断口形貌

4.4 喷丸强化对不锈钢固体粒子冲蚀行为的影响

图4-6为基材和不同喷丸强化表面处理状态的2Cr13不锈钢试样在30°和90°攻角下的冲蚀率测试结果。由图可知，在30°小攻角下试样的冲蚀率明显高于90°大攻角下的冲蚀率，这是塑性材料所表现出的普遍冲蚀特征。另外，可以看到在30°攻角下，喷丸试样与基材试样的冲蚀率基本一致；而在90°攻角下，喷丸试样的冲蚀率却略高于基材。将喷丸因素分离后，冲蚀率也表现出不同程度的变化现象，由此说明在大、小攻角下喷丸因素对冲蚀行为的影响是不一样的。

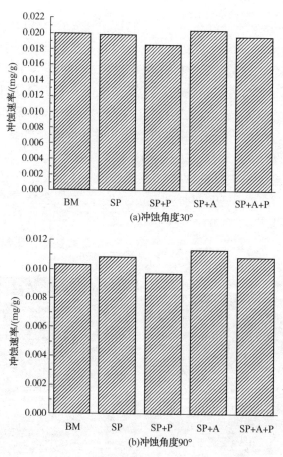

图4-6 不同表面处理试样的冲蚀速率对比

图 4-7 为 2Cr13 不锈钢基材试样在 30° 和 90° 攻角下冲蚀 SEM 微观形貌，由图 4-7(a) 可看出 30° 攻角下冲蚀形貌以犁沟和唇片为主，试样表面有清晰的犁削痕迹和被犁削尚未完全脱落的片屑。图 4-7(b) 为攻角 90° 时的冲蚀形貌，损伤形式为带挤压唇的凹坑，挤压唇层叠交错，凹坑周围存在材料的塑性流变及变形特征。2Cr13 不锈钢试样在固体粒子的冲击下产生严重塑性变形后，在高的应变下断裂，呈片屑状脱落。

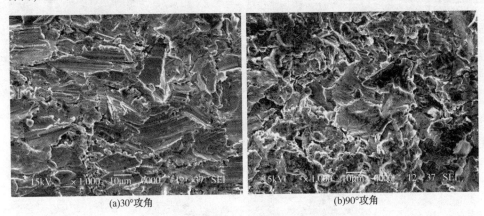

(a)30°攻角　　　　　　　　　　　(b)90°攻角

图 4-7　2Cr13 不锈钢试样固体粒子冲蚀形貌

图 4-8 为 2Cr13 马氏体不锈钢喷丸试样在 30° 和 90° 攻角下冲蚀初期的 SEM 形貌，其中，图 4-8(a) 和图 4-8(c) 为二次电子像(SEI)；图 4-8(b) 和图 4-8(d) 分别为图 4-8(a) 和图 4-8(c) 对应的背散射电子像(BES)。可以看出在 30° 攻角下，试样的冲蚀抗力较差，冲蚀痕迹较为明显，喷丸凹坑的边缘凸起区犁沟较多，而凹坑内部犁沟较少且较浅。在 90° 攻角下，试样的冲蚀损伤明显小于 30° 攻角，损伤主要发生在喷丸凹坑的边缘凸起区，而喷丸凹坑内冲蚀痕迹较轻。

4.4.1　表面粗糙度对冲蚀抗力的作用

比较图 4-6 中 30° 和 90° 两种攻角下 SP、SP+P 和 SP+A、SP+A+P 两组试样的冲蚀试验结果可以看到，喷丸试样抛光处理后由于粗糙度 R_a 的降低，其冲蚀抗力得到提高。这主要是由于喷丸试样表面存在大量喷丸凹坑和边缘凸起区，导致粗糙度明显高于抛光试样，粗糙度的增加使得暴露在冲蚀粒子束下的有效面积增加。另外，由于凸起区所受表层约束较小、塑性变形容易和受固体粒子冲击的概率高等原因很容易受到外界粒子的损伤，造成材料的塑性变形和片状脱离母体，致使试样的冲蚀率增加，所以 SP 试样表面粗糙度的增大降低了材料的 SPE 抗力。

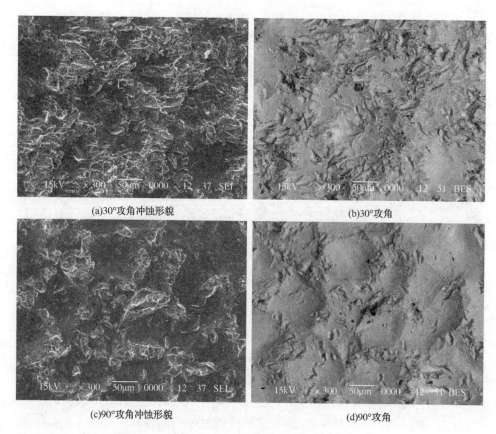

(a)30°攻角冲蚀形貌

(b)30°攻角

(c)90°攻角冲蚀形貌

(d)90°攻角

图4-8 喷丸试样的冲蚀形貌

4.4.2 残余压应力对冲蚀抗力的作用

从图4-6中SP、SP+A和SP+P、SP+A+P两组试样的冲蚀试验结果对比可知,表面残余压应力的引入在大、小两种冲蚀攻角下均可以明显增加试样表面的冲蚀抗力。同时可以看到,在90°攻角下,E_{SP+A+P}较E_{SP+P}增大11.3%,而30°攻角下仅增大5.2%,即喷丸强化引入的表面残余压应力对大攻角冲蚀抗力的提高作用更为显著。此外,由图4-8(d)还可看到在90°攻角下,由于喷丸凹坑内残余压应力高于边缘凸起区,在冲蚀初期喷丸凹坑内的损伤明显低于边缘凸起区。90°大攻角下喷丸引入的表面残余压应力对不锈钢SPE抗力的提高作用大于30°小攻角,其主要原因归于:喷丸试样表层一定深度内存在的较高的残余压应力场,有利于增加裂纹闭合力和抑制疲劳裂纹早期扩展,而固体粒子在大攻角冲击靶材造成冲蚀的破坏机制以低周疲劳为主,小攻角时则以犁削为主,因此,喷丸强化引入的表面残余压应力能够更有效地增加大攻角下固体粒子的冲蚀孕育期，提高该条件下的 SPE 抗力。

4.4.3　加工硬化对冲蚀抗力的作用

比较图 4-6 中 BM 和 SP+A+P 两种试样的冲蚀试验结果可知，在 30°攻角下加工硬化因素稍微降低了试样的冲蚀率，而在 90°攻角下加工硬化因素却使试样的冲蚀率稍微增大。由于 SPE 在 30°小攻角下冲蚀机制以微切削为主，加工硬化的存在提高了试样的表面硬度，从而增加了微切削抗力，使得冲蚀率有所降低。然而，在 90°大攻角下冲蚀机制以多冲型疲劳破坏为主，并且属于低周应变疲劳破坏，裂纹扩展为控制过程，加工硬化虽然有利于提高裂纹萌生抗力，但是却会降低裂纹的扩展阻力，从而导致总的影响是使试样的冲蚀率稍微增大。

由上述分析看到，喷丸强化引入的表面残余压应力对 90°大攻角下的固体粒子冲蚀抗力有较明显的提高作用；喷丸强化引入的表面加工硬化则对 30°小攻角下的固体粒子冲蚀抗力有提高作用；喷丸强化引起的表面粗糙度增大对 30°小攻角和 90°大攻角下的固体粒子冲蚀抗力均是不利的。基于上述原因，直接喷丸强化对 2Cr13 不锈钢在 30°小攻角时固体粒子冲蚀抗力无明显影响，但对 90°大攻角情况下的冲蚀抗力有所提高。此外，喷丸处理后进行表面抛光，则使 2Cr13 不锈钢在大、小两种攻角下的 SPE 抗力均得以提高。

4.5　喷丸强化对不锈钢耐腐蚀性能的影响

4.5.1　喷丸强化试样的腐蚀行为

图 4-9 为经过 480h 盐雾腐蚀后 2Cr13 不锈钢及四种不同表面状态试样的腐蚀形态。由图 4-9(a)和(b)可以看到，2Cr13 不锈钢试样表面腐蚀最为严重，红锈分布的面积较广；而喷丸强化试样表面仅有两处发生了明显的点蚀现象，且腐蚀较轻微。

图 4-10 为 2Cr13 不锈钢及其四种不同表面状态试样的阳极极化曲线，可以看到，2Cr13 不锈钢试样的阳极极化曲线没有显著的钝化区，开路电位较低(-0.58V)。而喷丸处理试样的开路电位为-0.52V，高于 2Cr13 不锈钢基体，同一阳极极化电位下电流密度也显著降低(降低了一个数量级)；并且有明显的钝化区存在，维钝电流密度明显降低，其点蚀电位也大幅提高(-0.22V)。由此表明，喷丸强化处理可以显著提高 2Cr13 不锈钢的耐 NaCl 环境腐蚀性能。

4.5.2 喷丸强化试样的腐蚀机制

由图 4-9(c)~图 4-9(e)可知，经 480h 盐雾腐蚀试验后，SP+P 试样表面未出现明显的腐蚀现象，表现出了较 SP 试样更高的腐蚀抗力。SP+A 和 SP+A+P 试样表面均发生了不同程度的局部腐蚀，其中 SP+A 试样腐蚀较为严重，点蚀坑分布面积较广，且数量较多。

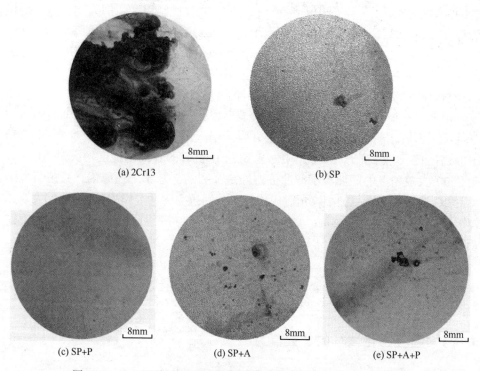

(a) 2Cr13

(b) SP

(c) SP+P

(d) SP+A

(e) SP+A+P

图 4-9　2Cr13 不锈钢及四种不同表面状态试样的腐蚀形貌(480h)

由图 4-10 可以看出，SP+P 试样的开路电位为-0.51V，略高于 SP 试样的开路电位(-0.52V)；SP+A 和 SP+A+P 试样的开路电位分别为-0.53V 和-0.55V，高于未处理试样的自腐蚀电位(-0.58V)。SP+P、SP+A 和 SP+A+P 三种试样的极化曲线均具有显著的钝化区，并且点蚀电位与 SP 试样基本一致，均在-0.22V附近。但是，就三种试样的维钝电流密度比较而言，SP+P 试样最低，其次为SP+A+P试样，SP+A 试样的维钝电流密度最高。在过钝化区，SP+A+P 试样的腐蚀电流密度随着电位的增加而迅速增加，较快地趋于未处理试样的极化曲线；而SP+P 和 SP+A 试样在钝化膜被击穿后，其腐蚀电流密度也快速增加，但在相同的腐蚀电位下，其腐蚀电流密度远低于未处理试样。由此可知，五种表面状态试样在 5%NaCl+H$_2$SO$_3$(pH=3)介质中的耐腐蚀性能由大到小排列依次为：SP+P>SP>SP+A+P>SP+A>2Cr13。

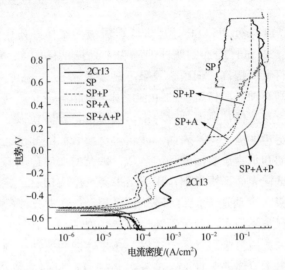

图 4-10　不同表面状态试样在 5%NaCl+H$_2$SO$_3$(pH=3)介质中的阳极极化曲线

　　产生上述腐蚀规律的主要原因可归于以下方面：首先，SP 试样表面存在大量喷丸凹坑和边缘凸起区，导致粗糙度明显增加(图 4-1 和图 4-2)。在盐雾腐蚀试验和电化学腐蚀测试中，表面粗糙化使得 SP 试样在腐蚀介质中的有效暴露面积增加，从而导致其表观腐蚀抗力降低，表观耐腐蚀性能不及 SP+P 试样。同理可知，SP+A+P 试样的耐腐蚀性能优于 SP+A 试样。其次，由于 SP 处理后表层引入了较高的残余压应力(-559MPa)，表面残余压应力的存在降低了金属原子的电化学活性，并可有效阻碍局部腐蚀现象的发生，从而增加了 2Cr13 不锈钢试样的耐腐蚀抗力，因此，SP 试样的耐腐蚀性能优于 SP+A 试样，而 SP+P 试样的耐腐蚀性能优于 SP+A+P 试样。此外，由于 2Cr13 不锈钢 SP 处理后，表面晶粒被细化，有利于表面快速形成均匀的富 Cr 钝化膜。而且由于喷丸处理工艺是由数控设备控制完成，使得内部位错分布十分均匀，降低了金属表面各区域之间以及晶粒与晶界之间电化学性质的差异，从而提高了不锈钢基体的晶间腐蚀抗力。因此，SP+A+P 试样的耐腐蚀性能优于 2Cr13 不锈钢基材。另外，由于 SP 试样表面的晶粒尺度随着向基体的靠近而增加(喷丸的影响降低)，因此 SP+P 处理后，虽然降低了 SP 试样表面的粗糙度，提高了试样的腐蚀抗力，但是同时也使得表面的晶粒细化层减薄，由此导致在极化曲线的过钝化区，较 SP 试样更快地趋于未处理试样。

4.6 喷丸强化对不锈钢浆体冲刷腐蚀抗力的影响

表 4-3 为 2Cr13 未处理和 SP 处理试样在弱酸性浆体介质中的冲刷腐蚀试验结果。可以看到，SP 试样的冲刷腐蚀速率为未处理试样的 82.6%，耐冲刷腐蚀性能较不锈钢基材有所提高，但改善效果不显著。

浆体中的冲刷腐蚀是固体颗粒的冲蚀磨损与液相腐蚀介质对试样腐蚀的协同作用的破坏过程。在浆体冲刷腐蚀过程中，水流携带着砂粒以一定速度旋转，砂粒被加速后以一定角度撞击试样表面。砂粒对材料表面的冲击运动可分解为平行于表面的切向运动和垂直于表面的法向运动，砂粒的切向运动有如刀具对材料的切削运动，会对试样表面产生切削作用，结果会产生凿切唇，容易在连续冲击下脱落。而砂粒的法向运动造成的材料表面损伤与粒子冲击时靶材的变形机制有关，法向冲蚀过程实际为多冲疲劳破坏，受交变力学因素影响，表面损伤为亚表面层裂纹成核长大及屑片脱离母体的过程。在浆体冲刷腐蚀过程中，磨粒的实际冲击角比较低，由于流体的黏性大，磨粒的运动方向将向流体运动的方向偏斜，致使磨粒的实际冲角下降。并且由于在浆体冲刷腐蚀过程中，试件表面会产生流体附面层，磨粒要冲击到材料表面就必然要穿过这个流体附面层，该流体附面层将会使磨粒受到黏性阻力作用而减速。因此，在冲刷腐蚀过程中，磨粒的切向运动将会被加强，而法向运动会被减弱，固体粒子主要以小攻角冲蚀破坏试件表面，即仅就固体颗粒对试样表面的作用，则与本书中小角度固体颗粒干冲蚀行为相近。

表 4-3 2Cr13 不锈钢未处理试样及 SP 试样冲刷腐蚀试验结果

试验环境编号	试样表面状态	失重率/$(g \cdot m^{-2} \cdot h^{-1})$	相对冲蚀性能
酸性冲蚀砂浆介质 （pH: 3±0.2）	未处理	23.7	1
	喷丸试样	19.6	0.827

浆体冲刷腐蚀过程中，一方面，固体粒子的冲蚀作用破坏了材料表面的钝化性保护膜，加速试件的腐蚀，即冲蚀促进腐蚀破坏；另一方面，局部点腐蚀造成表面粗糙度增加，有效暴露表面积增大，因而，砂粒的冲蚀破坏增强。此外，点蚀坑可能导致局部湍流产生，加速冲刷腐蚀破坏。因此，固体粒子的冲蚀与电解质的腐蚀在浆体冲刷腐蚀过程中具有协同破坏作用。喷丸处理试样在小攻角下的固体粒子冲蚀抗力与基材基本一致，但其耐腐蚀性能优于不锈钢基材，因而从腐蚀方面降低了腐蚀与磨损之间的协同作用，提高了 2Cr13 不锈钢的耐冲刷腐蚀性

能；在本书浆体冲刷腐蚀试验条件下，试样相对于浆体的运动线速率为 4.8m/s，即相对运动速率较高，由此导致固体粒子小攻角冲击破坏的机械作用比介质的腐蚀作用显著，因而喷丸处理提高耐腐蚀性能对缓解冲刷腐蚀的作用不显著。

本章通过试验研究所获得的主要结论有：

（1）2Cr13 不锈钢表面直接进行喷丸处理（SP），其固体粒子冲蚀（SPE）抗力在 30°小攻角下无明显改变，但在 90°大攻角下反而有所降低。SP 后进行抛光处理则使 2Cr13 不锈钢在大、小攻角下的 SPE 抗力均得以提高。

（2）SP 造成的表面粗糙度增大，提高了表面被冲蚀的概率，因而降低了大、小两种攻角下 2Cr13 钢的 SPE 抗力。SP 引入的表面残余压应力能够有效地抑制裂纹的萌生与早期扩展，对提高 2Cr13 不锈钢在 90°攻角下的 SPE 抗力起到了主要作用。SP 导致的表面加工硬化，增加了表面微切削抗力，对提高 2Cr13 钢在 30°攻角下的 SPE 抗力起到了主要作用；在 90°攻角下表面加工硬化降低了裂纹扩展阻力，使 2Cr13 钢的 SPE 抗力下降。

（3）SP 试样的弯曲疲劳极限较未处理试样提高了 8.5%，表明 SP 处理可以有效改善 2Cr13 基材的抗疲劳性能，主要原因归于喷丸在表面引入了有利于阻止裂纹早期扩展的残余压应力。

（4）SP 处理显著提高了 2Cr13 不锈钢的耐腐蚀性能，其原因主要为表面晶粒细化和残余压应力的有利作用，前者降低晶粒与晶界之间的电化学差异，并促进均匀性富 Cr 钝化膜的形成，后者降低钢表面金属原子的电化学活性。SP 处理使 2Cr13 不锈钢的冲刷腐蚀速率稍有降低，原因归于 SP 对 2Cr13 不锈钢耐腐蚀性能的改善。但由于本书浆体冲刷腐蚀过程中固体粒子小攻角冲击破坏的机械作用占优势，因而 SP 降低冲刷腐蚀的作用不显著。

第5章

不锈钢低温离子氮化及其冲蚀与疲劳行为

2Cr13 马氏体不锈钢由于硬度低、耐磨性能差，常常采用离子氮化来改善表面的耐磨损性能。离子氮化较常规气体氮化速度快、节约能源，其氮化层也具有更好的综合性能，因而工艺上具有较大优势。

但是，传统离子氮化（温度在 600℃ 左右）在提高不锈钢耐磨性能的同时却导致其耐腐蚀性能下降。1985 年 Bell 和 Zhang 发现当奥氏体不锈钢氮化温度降低到 400℃ 左右时，可以在基材表面形成一个膨胀奥氏体相（γN 或者 S 相），而没有 CrN 析出，从而在不降低耐蚀性的前提下大幅度提高了不锈钢基材的表面硬度和耐磨损性能，由此促进了低温离子氮化的研究。人们已经对奥氏体不锈钢低温离子氮化层的组织结构、形成机理和性能进行了较充分的研究，然而，关于马氏体不锈钢的离子氮化的研究还明显不及对奥氏体不锈钢充分。尽管 Kim 和 Bell 等在 AISI 410 马氏体不锈钢低温（350~400℃）氮化条件下也得到了耐蚀的膨胀马氏体相，但是，涉及改进 2Cr13 马氏体不锈钢氮化处理件耐蚀性能的研究尚很少见报道。因此，本章对比研究低温和常规高温氮化对 2Cr13 马氏体不锈钢在中性和弱酸性环境中腐蚀行为的影响规律，确定提高离子氮化马氏体不锈钢耐蚀性能的氮化温度条件，为低温氮化技术在马氏体不锈钢零部件上的推广应用提供依据。

许多研究者认为，金属材料氮化后的疲劳性能主要取决于扩散层，与化合物层关系不大，因为疲劳裂纹源在扩散层与基体的交界位置出现概率较大。也有学者认为，化合物层对疲劳性能的影响不容忽视，因为化合物层的脆性较大，疲劳抗力较低，是容易萌生裂纹的地方。另外，由于氮化层的组织、厚度及残余应力等因素均会对疲劳抗力产生影响，因此，有必要对 2Cr13 马氏体不锈钢离子氮化后的疲劳抗力进行研究，并对影响机制进行探讨。

作为转动部件常用材料的马氏体不锈钢，经离子氮化后，其固体粒子冲蚀（SPE）性能如何值得关注。另外，由于金属材料离子氮化后，氮化层的硬度和疲劳抗力可以显著提高，因此有望满足大、小两种攻角下 SPE 所需要的不同表面性能，提高全攻下 2Cr13 不锈钢的 SPE 抗力。因此，本章对不同离子氮化温度下 2Cr13 不锈钢的抗 SPE 性能进行研究，并对其影响因素和作用机制进行探讨。

5.1　低温离子氮化工艺

真空离子氮化技术是利用辉光放电形成等离子体在金属表面进行渗氮处理的一项表面工程技术。本书采用直流脉冲等离子体电源，脉冲比直流离化率高，且对带孔件可进行孔内氮化处理。

所用设备为 LD2-50 型真空离子氮化系统，其结构原理图如图 5-1 所示。极限真空度 $<6.7\times10^{-2}$ Pa，采用 WDL-31 型光电温度计监控温度。试样装炉完毕后，首先抽真空至 5Pa 以下，通入适量气体（20%H_2+ 80%Ar）起辉溅射，清洗工件表面。然后增大电压和电流，改换气体（75%H_2+25%N_2）进行离子氮化处理，氮化温度分别选取 350℃、450℃和 550℃，氮化时间 15h，具体参数见表 5-1。氮化完成后，关闭氢气，仅保留氮气供应，让试样在氮气保护下随炉冷至室温，以减少试样表面的氧化程度。

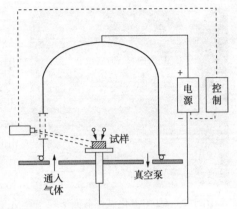

图 5-1　离子氮化基本原理示意图

表 5-1　离子氮化试验的工艺参数

参数	溅射清洗	离子氮化
温度/℃	250	350；450；550
电压/V	400	600
电流密度/(mA·cm^{-2})	0.8	1.2
总压力/Pa	200	600
时间/h	1	15
脉冲宽度/μS	50	50~300
脉冲间隔/μS	300	100~500
处理气体	20%H_2+ 80%Ar	75%H_2+ 25%N_2

5.2　不锈钢氮化层的组织和硬度

5.2.1　氮化层组织和相结构

金相分析表明，350~550℃不同温度下所获氮化层均包括氮化物层和氮元素过饱和马氏体扩散层两部分。在 350℃和 450℃氮化所形成的氮化物层耐蚀性能较好，因而呈白亮层特征，而扩散层呈暗黑色，两个区域间有较明显的分界（图 5-2）。550℃氮化处理试样的表面耐蚀性能较差，因而金相形貌呈暗黑色。氮化物层的厚度随着氮化温度的增加而增加，350℃、450℃和 550℃氮化试样的氮化物层的厚度分别为 90μm、105μm 和 130μm。

图 5-2　450℃氮化试样截面形貌
（带硬度测量压痕分布）

图 5-3 为不同处理温度下 2Cr13 不锈钢氮化试样及 2Cr13 基材（BM）表面的 XRD 图谱。可以看到，350℃温度下氮化试样表面层主要由 ε-Fe$_3$N 组成。在 42.8° 位置出现了 N 元素在 α 相中的过饱和固溶体 α_N 的衍射峰。α_N 的衍射峰位相比 2Cr13 不锈钢基材组织 α 相的（110）面衍射峰位（44.8°）向低角度偏移，由此说明氮元素的过饱和使得 α-Fe 相的晶格常数明显增大，形成了膨胀马氏体结构。α_N 相具有很高的硬度和抗腐蚀性能，是一种亚稳相，在较高的温度下会分解形成氮化物。

然而，在 350℃氮化处理过程中，氮化层中未出现 CrN 相。

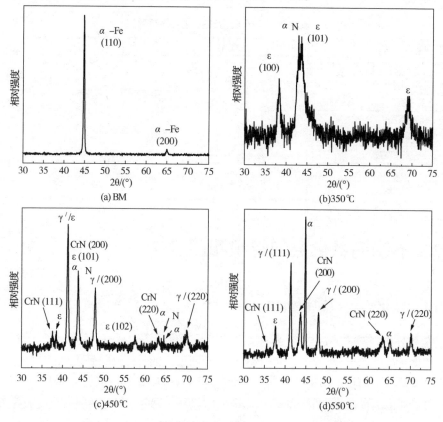

(a) BM

(b) 350℃

(c) 450℃

(d) 550℃

图 5-3　2Cr13 不锈钢基材和离子氮化试样的 XRD 图谱

图 5-3(c)表明，450℃氮化试样表面层中的 ε-Fe$_3$N 相大量减少，此时主要由 γ'-Fe$_4$N 组成，并且在氮化层中出现了 CrN 的衍射峰。α_N 的衍射峰则与 CrN 相或 ε 相重叠。当氮化处理温度达到 550℃时，ε-Fe$_3$N 的量更少[图 5-3(d)]，大量 γ'-Fe$_4$N 相衍射峰出现在氮化层中。在该氮化处理温度下，42.8°处的 α_N 相衍射峰消失，N 原子与基材中的 Cr 原子直接结合生成了 CrN 相，使得 α-Fe 的点阵膨胀降低，XRD 图谱中 α(44.8°)峰位取代了 α_N 的衍射峰位(42.8°)。

5.2.2 氮化层的硬度

图 5-4 为不同氮化温度试样截面的显微硬度分布测试结果。可以看到，各温度下氮化试样的表面显微硬度均高于 1000HK$_{0.025}$，较 2Cr13 不锈钢基体硬度(289HK$_{0.025}$)显著提高，且氮化温度愈低，表面的硬度愈高，350℃氮化试样的表面硬度最高，为基体硬度的 4 倍以上。同时，从氮化层表面到基体内部，硬度呈现较理想的梯度分布，这对试样的承载能力和摩擦学性能均是有利

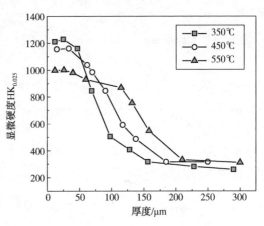

图 5-4 离子氮化试样显微硬度分布

的。从图 5-4 中还可以看到，350℃、450℃和 550℃氮化试样的氮化层的总厚度分别为 150μm、175μm 和 200μm。

5.3 氮化层残余应力状态

图 5-5 为离子氮化试样沿层深方向的残余应力分布。由图 5-5(a)可知，低温离子氮化试样表面存在较大的残余压应力，最大处为-620MPa，且向试样内部方向逐渐减弱。由图 5-5(b)可知，常规离子氮化试样表面也有残余压应力存在，但其最大值仅为低温离子氮化的 31%。离子氮化处理后试样表面产生残余压应力的主要原因是由于氮原子在马氏体不锈钢中的固溶及氮化物相的形成，使得氮化层中出现了较大的晶格畸变。

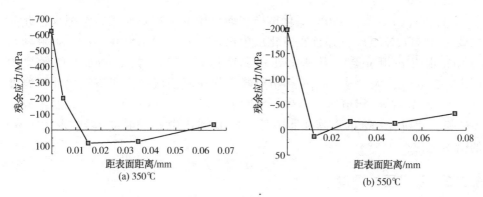

图 5-5　离子氮化试样沿层深方向的残余应力分布

5.4　疲劳性能

通过旋转弯曲疲劳试验机评价了 350℃ 和 550℃ 两种离子氮化工艺对 2Cr13 不锈钢弯曲疲劳性能的影响规律。终止疲劳试验的最大疲劳载荷循环周次为 5×10^6 次，以疲劳极限的比较作为评价性能指标，疲劳极限的确定采用升降法。试验结果见表 5-2，未处理试样、350℃ 低温氮化试样和 550℃ 常规离子氮化试样的疲劳极限升降图如图 5-6 所示。

表 5-2　弯曲疲劳试验数据

试样状态	循环次数	疲劳极限 σ_{-1}/MPa	疲劳极限的变化
未处理	5×10^6	417.6	0
350℃ 低温氮化	5×10^6	522.7	提高 25.2%
550℃ 常规氮化	5×10^6	383.4	降低 8.2%

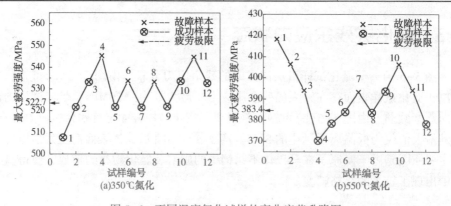

图 5-6　不同温度氮化试样的弯曲疲劳升降图

结果表明，在 $5×10^6$ 次的相同循环基数下，未处理试样的疲劳极限为 417.6MPa，经 350℃ 低温氮化后试样的疲劳极限有明显的提高，为 522.7MPa，强化效果为 25.2%。而 550℃ 常规高温离子氮化却降低了试样的弯曲疲劳性能，为 383.4MPa，降低程度为 8.2%，即表明 550℃ 高温常规离子氮化使 2Cr13 不锈钢基材的旋转弯曲疲劳抗力受到损害。

图 5-7 为未处理试样、350℃ 和 550℃ 两种离子氮化试样的旋转弯曲疲劳断口形貌。根据弯曲疲劳试样的受力分析，弯曲疲劳试样上的各点均受正弦规律连续交替作用的拉应力和压应力，在表面处各点的应力幅度最大。因此，未处理试样的疲劳源均产生在试样表面，如图 5-7(a) 所示。2Cr13 马氏体不锈钢经 350℃ 低温离子氮化后，表面产生了一定厚度的氮化层，使表层材质的硬度和强度得到提高，并且在试样表层引入了数值较大的残余压应力，最大处达 -620MPa，由此增加了裂纹在表面萌生和扩展的难度，导致疲劳源在表层下产生[图 5-7(b)]，显著提高了基材的疲劳抗力。

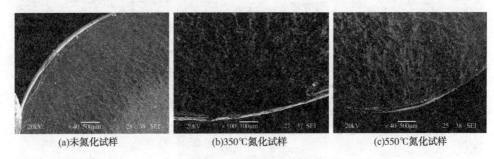

(a)未氮化试样　　　　(b)350℃氮化试样　　　　(c)550℃氮化试样

图 5-7　2Cr13 试样和两种氮化试样的弯曲疲劳断口形貌

不锈钢试样经 550℃ 常规离子氮化后，也同样提高了表层材质的硬度和强度，并在试样表层引入了一定残余压应力(图 5-5)，最大处为 -192MPa，然而，550℃ 常规离子氮化不仅未能改善基材的疲劳抗力，反而降低了基材的疲劳强度。这主要是因为：离子氮化一般引起两种对疲劳强度影响截然相反的后果，一是氮化后能够在不锈钢表面获得分布较为合理的残余压应力层，该压应力层能够有效地提高基材的疲劳强度；另一方面，氮化层表面硬度高，虽然耐磨损性能高，但是由于韧性低，对疲劳性能有降低作用，尤其是对疲劳裂纹的扩展有加速作用。之所以在本书中，低温氮化能够显著改善 2Cr13 马氏体不锈钢基材的疲劳性能，而常规高温氮化却降低基材疲劳性能，说明上述对疲劳有益的因素和对疲劳不利的因素何者为主是不一样的。550℃ 常规离子氮化处理的 2Cr13 马氏体不锈钢表面残余压应力数值较低，未能有效地将裂纹转移到表层下，疲劳裂纹仍然起始于表面[图 5-7(c)]。

5.5　摩擦磨损性能

图 5-8 为未处理试样和 350℃、550℃ 两种氮化处理试样磨损表面的 SEM 形貌。可以看到，未处理试样由于硬度低，表面磨削严重，磨痕宽度和深度较大，有明显的犁沟和粘着坑产生[图 5-8(b)]。经离子氮化处理后，试样的磨痕宽度和深度均明显减小，仅为未处理试样的 1/3[图 5-8(c)和图 5-8(e)]。并且犁削现象不明显，无明显磨屑产生，磨痕特征以擦涂和抛光形式为主。

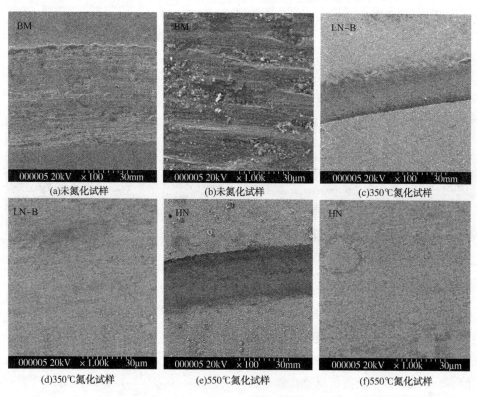

图 5-8　未处理和氮化试样磨损表面形貌

图 5-9 对比了两种离子氮化层和 2Cr13 不锈钢基材的摩擦系数随摩擦行程的变化特征。可以看到，在稳定磨损阶段，常规离子氮化使不锈钢表面摩擦系数从 0.8 以上降到 0.72 左右；低温离子氮化使表面摩擦系数降低更明显，仅为 0.6 左右，并保持较为稳定的数值；而未处理试样的表面摩擦系数一直呈现不断增大的变化趋势。从磨损体积损失来看，低温氮化试样较常规氮化试样更加耐磨，磨损体积损失约为常规氮化试样的 70%。

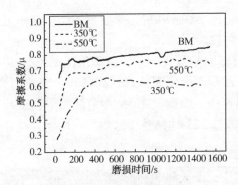

图 5-9　不同试样的摩擦系数
随磨损时间变化曲线

由此可见，离子氮化可以明显改善 2Cr13 不锈钢表面的摩擦学性能，原因主要为：氮化层硬度高，因而有良好的抗磨粒磨损抗力；氮化层表面引入了残余压应力，可以阻止疲劳磨损过程中裂纹的产生，因此有利于抗疲劳磨损性能的改善。另外由于氧化膜比氮化层更加稳定，在磨损过程中氧原子会取代氮原子形成氧化膜，并且在磨损过程中产生的摩擦热会加速这个转化过程。氧化膜的产生将会起到润滑的作用，同时氧化膜与表面氮化物的存在避免了金属基体和金属摩擦副的直接接触，降低了粘着磨损，从而改善了不锈钢材料表面的耐磨性能。因此，两种氮化处理均明显改善了 2Cr13 基材表面的耐磨损性能，并且以低温氮化处理更为突出。

5.6　冲蚀性能

图 5-10 为 15°和 90°冲击角度下，未处理试样和两种氮化处理试样冲蚀失重试验结果。可以看到，在 15°冲击角下，未处理试样、低温 350℃氮化和常规 550℃氮化试样的冲蚀率比分别为 2.8∶1∶1.8。即两种温度氮化处理均可以明显改善 2Cr13 不锈钢表面的抗 15°固体粒子冲蚀性能。

但是 350℃低温离子氮化试样具有较常规 550℃氮化试样更高的

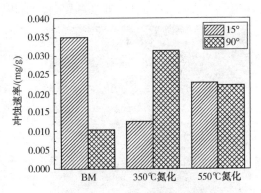

图 5-10　固体颗粒冲蚀试样的冲蚀率

抗 15°冲蚀性能。在 90°冲击角下，低温 350℃氮化和常规 550℃氮化试样的冲蚀率分别为未处理试样的 3.0 倍和 2.2 倍。说明两种离子氮化处理均降低了 2Cr13 基材的抗 90°固体粒子冲蚀性能。

图 5-11 所示为 15°攻角下冲蚀试样的表面 SEM 形貌特征。可见，2Cr13 马氏体不锈钢基体由于硬度低，表面冲蚀磨痕的宽度和深度较大，有明显的犁沟和形唇产生[图 5-11(a)]。350℃低温离子氮化试样的冲蚀磨痕的宽度和深度均明显低于 2Cr13 基材，以较轻的切削磨损为主[图 5-11(b)]。550℃常规离子氮化

处理试样的冲蚀磨痕的宽度和深度介于未处理 2Cr13 基材和低温离子氮化试样之间，磨痕特征以切削磨损和犁削为主[图 5-11(c)]。

350℃和550℃离子氮化试样表面均有坚硬的氮化物层，这类氮化物(ε-Fe$_3$N，γ'-Fe$_4$N)不仅具有高硬度，同时它们的存在会使表面形成高的残余压应力，阻止了砂粒撞击产生的犁沟、切削和脱层损伤。因此，在 15°小角度固体粒子冲蚀条件下，两种氮化处理均可以明显改善了 2Cr13 基材表面的耐冲蚀性能，并且以低温离子氮化处理更为突出。

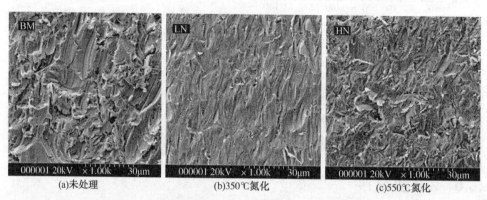

(a)未处理　　　　　　　(b)350℃氮化　　　　　　　(c)550℃氮化

图 5-11　未处理及氮化试样固体粒子冲蚀后表面形貌

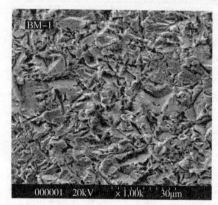

图 5-12　2Cr13 不锈钢 90°攻角下固体
粒子冲蚀后表面形貌

图 5-12 为未处理试样在 90°攻角下冲蚀试样的表面 SEM 形貌特征，常规和低温离子氮化试样在 90°攻角下的固体粒子冲蚀抗力不及未处理试样，氮化改性层被很快地冲蚀破坏，因此最终两种氮化试样表面 90°攻角下的冲蚀形貌与未处理试样基本一致。由图可知，2Cr13 不锈钢的冲蚀机制以形唇和片屑状脱落为主，损伤形式为带挤压唇的凹坑，挤压唇层叠交错，凹坑处存在有材料沿粒子冲击方向上的流动及严重的塑性变形特征。2Cr13 马氏体不锈钢试样在粒子的冲击作用下产生严重塑性变形后，在高的应变下断裂，呈片屑状脱落。离子氮化后，试样表面的硬度显著提高，这虽然使冲蚀孕育期(裂纹萌生寿命)增大，但是却也使得材料表面韧性降低，疲劳裂纹扩展阻力降低。同时，硬化的氮化层吸收固体粒子冲击能量的能力较小，氮化层在固体粒子强烈垂直冲击下被破坏，使得表层的残余压应力

难以发挥有益的作用，从而导致氮化试样高的冲蚀速率。因此，在90°大攻角下，两种温度的离子氮化处理均明显降低了2Cr13不锈钢基材的固体粒子冲蚀抗力。

5.7 氮化对不锈钢耐腐蚀行为的影响

5.7.1 盐雾腐蚀行为

盐雾腐蚀实验的试件耐蚀性评定主要采用定期观察试件表面及试验结束后去除腐蚀产物观察表面形貌的方法判断。图5-13为经过720h盐雾腐蚀后不同表面状态试样的腐蚀形态。可以看到，550℃氮化试样表面腐蚀最为严重，红锈已布满整个试样表面。未处理试样和450℃氮化试样表面发生大面积腐蚀，其中450℃氮化试样较基材试样腐蚀程度稍高。然而，350℃氮化试样腐蚀最轻，只有较少的局部腐蚀现象出现。同时各试样腐蚀程度均随着实验时间的延长而加重。

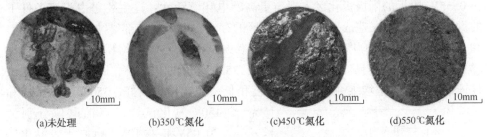

| (a)未处理 | (b)350℃氮化 | (c)450℃氮化 | (d)550℃氮化 |

图5-13 氮化与未处理试样720小时盐雾腐蚀试样形貌

图5-14为去除腐蚀产物后的试样表面形貌，可以看到，550℃氮化试样表面出现了大而深的点蚀坑，而450℃氮化试样表面点蚀坑较小，但数量多、分布广，已经布满整个试样表面。未处理试样和350℃氮化试样局部腐蚀较轻，未处理试样腐蚀稍重，点蚀坑稍大；350℃氮化试样仅有少数较小的点蚀坑出现，均匀腐蚀轻。

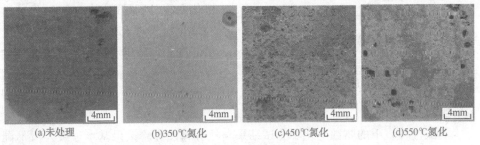

| (a)未处理 | (b)350℃氮化 | (c)450℃氮化 | (d)550℃氮化 |

图5-14 氮化试样去除腐蚀产物后试样形貌

即 450℃和 550℃氮化处理后均不同程度地降低了 2Cr13 不锈钢基材的耐酸性环境腐蚀性能，这主要是在这两个温度条件下氮化试样表面生成了 CrN，出现了贫 Cr 现象所致。550℃氮化处理较 450℃氮化处理试样表面 CrN 相析出的多，因而试样的耐蚀性能更低。350℃氮化处理后，耐腐蚀性能明显优于未处理的不锈钢基材试样，则主要是由于表面生成了耐腐蚀性好的 α_N 相和 $\varepsilon-Fe_3N$ 相，同时因为没有 CrN 相析出，固溶在基材中的 Cr 元素对氮化试样的耐腐蚀性能也做出贡献。即在盐雾实验中试样的耐腐蚀性能由优到劣依次为：350℃氮化试样>未处理试样>450℃氮化试样>550℃氮化试样。

5.7.2　电化学极化行为

腐蚀电化学极化曲线在"5%NaCl+H$_2$SO$_4$溶液(pH=3)"环境中的测试结果如图 5-15 所示。可以看到，未氮化处理试样(BM)的阳极极化曲线没有显著的钝化区，开路电位最低(-0.58V)；550℃氮化试样没有钝化区存在，且在开路电位(-0.55V)附近的阳极极化区表现出更高的电化学活性，这主要是由于该条件下的氮化层表面贫 Cr 造成了局部高活性区的存在，引发了局部腐蚀的发生。350℃和 450℃氮化试样的自腐蚀电位分别为-0.52V 和-0.51V，均高于未氮化处理试样，并且两者均有明显的钝化区，同时，350℃氮化试样的钝化区较 450℃氮化试样钝化区稍宽，平均维钝腐蚀电流密度稍低，稳定性也较好。350℃氮化试样和450℃氮化试样的点蚀电位分别为-0.05V和-0.10V，远高于未氮化处理试样的点蚀电位-0.56V 和常规高温氮化试样的点蚀电位-0.55V，即低温氮化的抗点蚀能力强。在过钝化区，350℃氮化试样较 450℃氮化试样较快地趋于未氮化处理试样的极化曲线，则是由于 350℃氮化试样的氮化层相对 450℃氮化试样的氮化层深度小，较早腐蚀到不锈钢基体的缘故。在钝化-过钝化转变区腐蚀电流徒然增加，是由于发生了局部点蚀现象所致。

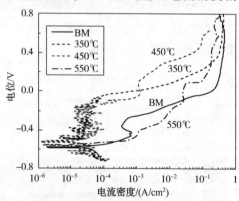

图 5-15　不同表面处理试样在 5%NaCl+
H$_2$SO$_4$溶液(pH=3)中的极化曲线

弱酸性环境下的腐蚀电化学测试结果与盐雾腐蚀实验结果基本一致，所不同的是 450℃氮化试样的电化学测试结果的抗蚀性能比未氮化试样的好，这与盐雾腐蚀的结果有所不同，其主要原因是两种腐蚀条件有较大的区别，极化曲线测试采用较快的电位扫描速率向阳极极化区逐步增大电位，因此是强制阳极极化下的腐蚀过程，同时反映的腐蚀现象是不同极化电位所对应的不同层深处。在开路电位下较短时间内，450℃氮化试样表面轻微贫 Cr 造成的局部腐蚀未充分显现，因而，其耐蚀性能仍较好，较高的阳极极化条件下的腐蚀是发生在表面下的耐蚀性能很强的 α_N 相和 ε -Fe$_3$N 相中，因而表现出了较好的耐蚀性。然而，盐雾腐蚀过程是表面长时间的点蚀萌生与局部腐蚀发展的过程，450℃氮化试样次表面的贫 Cr 更能充分促进大阴极（表面）和小阳极（贫 Cr 的次表层）的局部腐蚀过程的进行，因而其点蚀发展较未氮化处理试样更为容易。由此可见，不能简单地用电化学极化曲线的测试来推测表面处理材料（特别是成分与物相呈梯度分布的改性层）的自腐蚀行为。

  图 5-16 比较了 2Cr13 不锈钢基材、350℃ 低温氮化处理和 550℃ 常规高温氮化处理试样在 5% NaCl 中性溶液中的腐蚀电化学极化曲线。可以看到，未处理试样（BM）的开路电位（- 0.28V）较在 5% NaCl + H$_2$SO$_3$水溶液中开路电位（-0.58V）升高，且在阳极极化上有较窄的钝化区存在，即在中性溶液中，2Cr13 不锈钢表面较在弱酸性环境中的活性低。550℃氮化试样的开路电位较低（-0.47V），但也高于在弱酸性溶

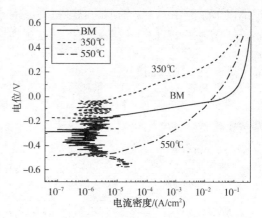

图 5-16　不同试样在 5%NaCl 溶液中的极化曲线

液中的开路电位（-0.55V），不过升高幅度不及 BM 状态。与弱酸性环境中腐蚀规律相近，由于 550℃氮化试样表面的明显贫 Cr 现象的原因，其在 5%NaCl 中性溶液中的阳极极化曲线同样无钝化特征。350℃氮化试样的开路电位为-0.17V，不仅显著高于该试样在弱酸性水溶液中的开路电位（-0.52V），而且也高于同环境下的未处理试样，同时存在较明显的钝化区。钝化区处电流密度小幅度波动则与 Cl$^-$ 的破钝及钝化膜的修复竞争有关。

  图 5-17 所示的 5%NaCl 中性环境中极化曲线测试后试样的表面腐蚀形貌与图 5-16 的电化学腐蚀规律完全一致，即：未处理试样表面表现出较显著的点蚀特征；550℃氮化试样则以全面的活性腐蚀为主；而 350℃氮化试样仅表现出局部点腐蚀特征。

(a)未处理　　　　　　　　　　(b)350℃氮化　　　　　　　　　　(c)550℃氮化

图 5-17　在 5%NaCl 中性溶液中极化曲线测试后试样表面的腐蚀形貌

综上所述，盐雾腐蚀实验和腐蚀电化学测试结果均表明，350℃低温氮化处理不仅未降低 2Cr13 不锈钢的腐蚀抗力，而且明显提高了其耐蚀性能，常规高温离子氮化则使 2Cr13 不锈钢基材的固有耐蚀性能显著降低。

5.7.3　交流阻抗特征

图 5-18 为 5% NaCl 中性溶液中静态浸泡 0.5h 后测定的 2Cr13 未处理试样和两种氮化试样的电化学交流阻抗谱(EIS)。

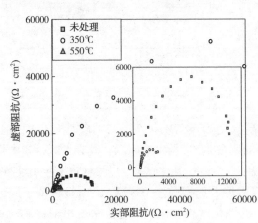

图 5-18　在 5%NaCl 溶液中浸泡 0.5h 后
试样的 Nyquist 图

可看到，各试样的交流阻抗图谱均由单一的容抗弧构成。350℃低温离子氮化后，电极/溶液界面传递电阻比未处理试样增大了一个数量级，明显提高了基体的耐腐蚀性能。原因是表层形成了化学稳定性好的 ε-Fe_3N 和 N 过饱和固溶体 α_N 相，同时又有固溶 Cr 元素的联合作用，导致表面形成了致密的钝化膜。550℃常规高温氮化处理试样的电极/溶液界面传递电阻比未处理试样却降低了数倍，使基体材料的耐蚀性严重下降，其原因主要是表面层的过饱和固溶体相 α_N 分解成贫 Cr 的 α 相，造成晶界选择性腐蚀，从而导致表面钝化能力尚不及 2Cr13 马氏体不锈钢基材。

5.8 浆体冲刷腐蚀行为

表5-3为2Cr13未处理和氮化处理试样在浆体介质中的冲刷腐蚀磨损试验结果。可以看到，350℃氮化试样在中性和弱酸性浆体介质中的冲刷腐蚀速率分别为未处理试样的3.2%和12.6%，表现出了良好的抗冲刷腐蚀性能。而550℃氮化试样在两种浆体介质中的冲刷腐蚀速率分别为2Cr13基材的5.14倍和1.49倍，表明550℃常规离子氮化显著降低了2Cr13不锈钢的抗冲刷腐蚀性能。图5-19为未处理和氮化试样在酸性浆体介质中冲刷腐蚀试验后的表面形貌，结果表明未处理试样表面出现大面积红锈，局部有微小点蚀坑出现；350℃氮化试样表面基本没有红锈及点蚀现象发生；而550℃氮化试样表面出现了多处大而深的腐蚀坑，即发生了严重的局部腐蚀现象。并且中性浆体介质中的冲刷腐蚀现象与酸性浆体介质中的规律一致。

表5-3　2Cr13不锈钢冲刷腐蚀磨损结果

试验环境编号	试样表面状态	失重率/$(g \cdot m^{-2} \cdot h^{-1})$	相对冲蚀性能
中性冲蚀砂浆介质 （pH：6.5~7）	未处理	4.01	1
	350℃氮化	0.13	3.2%
	550℃氮化	20.6	5.14倍
酸性冲蚀砂浆介质 （pH：3±0.2）	未处理	23.7	1
	350℃氮化	2.98	12.6%
	550℃氮化	35.2	1.49倍

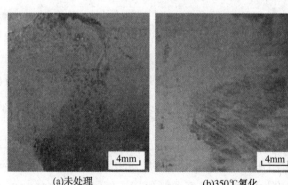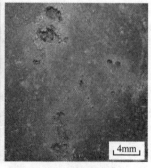

(a)未处理　　　　　　　(b)350℃氮化　　　　　　　(c)550℃氮化

图5-19　未处理及氮化试样在酸性砂浆介质中的冲刷腐蚀形貌

由于 350℃ 氮化试样表面硬度高，抗冲蚀磨损性能好，同时钝化膜完整性好，破坏后的自修复能力强，因而表现出较基材更好的抗冲刷腐蚀性能。550℃离子氮化试样虽然具有比 2Cr13 不锈钢基材好的抗固体粒子冲蚀性能，但是，由于其耐 NaCl 水溶液的腐蚀能力显著低于 2Cr13 不锈钢，钝化膜稳定性差，加之固体粒子的冲蚀作用进一步加速钝化膜的破坏，导致其冲刷腐蚀速率明显高于 2Cr13 不锈钢基材，并以局部点蚀为破坏特征。同时也表明，在这种条件下，冲蚀磨损与腐蚀的协同破坏作用比二者单独影响更显著。在酸性环境中，Cl⁻ 和 H⁺ 共存，因而，钝化膜的稳定性和自修复能力下降，故冲刷腐蚀速率较中性环境高。

同第 3 章喷丸改善 2Cr13 不锈钢的耐冲刷腐蚀性能的效果相比，350℃ 离子氮化显然更加显著，这是由于低温氮化处理不仅显著提高了表面硬度和小攻角下的 SPE 抗力，而且在试样表面形成了耐蚀的膨胀马氏体相，显著提高了 2Cr13 不锈钢基材的耐腐蚀性能，从而从腐蚀和磨损两方面限制了冲刷腐蚀过程的发展，因此对冲刷腐蚀抗力的改善效果较喷丸处理更加明显。

本章通过试验研究所获得的主要结论有：

（1）2Cr13 不锈钢离子氮化层厚度随氮化温度的升高而增加，但氮化层的表面硬度却随氮化温度的升高而降低。350～550℃ 离子氮化试样的表面显微硬度均高于 $1000HK_{0.025}$，其中 350℃ 离子氮化试样的表面硬度最高，较不锈钢基材提高了 4 倍以上。

（2）350℃ 低温离子氮化层主要由 ε-Fe_3N 和 N 过饱和固溶体 α_N 相组成；450℃ 离子氮化层主要由 γ'-Fe_4N 组成，并有少量 CrN 相生成；550℃ 常规离子氮化试样表面生成了大量 CrN 相，并有贫铬 α 相和 γ'-Fe_4N 相存在。

（3）2Cr13 不锈钢经 350℃ 低温离子氮化后，其弯曲疲劳极限提高 25.2%，有效改善了基材的抗疲劳性能，主要原因是氮化层中的残余压应力有效阻止疲劳裂纹的萌生和早期扩展。

（4）350℃ 低温和 550℃ 常规高温离子氮化均显著提高了 2Cr13 不锈钢基材的耐磨损性能，其中 350℃ 低温离子氮化的改善效果更为显著，原因归于前者形成氮化层的表面硬度更高，减摩润滑作用更明显。

（5）350℃ 和 550℃ 离子氮化均有效地减缓了 2Cr13 不锈钢基材的切削与犁削磨损，可明显提高 2Cr13 不锈钢小攻角下的 SPE 抗力。350℃ 低温氮化处理层因具有更高的表面硬度，故表现出比 550℃ 常规离子氮化层更好的抗小攻角 SPE 性能。但是低温和常规离子氮化均降低了 2Cr13 不锈钢在大攻角下的 SPE 抗力。

（6）模拟工业弱酸性环境中的盐雾腐蚀实验和弱酸性及中性 NaCl 环境中的

电化学腐蚀实验结果均表明，350℃低温离子氮化能够获得耐蚀性能优于 2Cr13 不锈钢基材的改性层，其主要原因为氮化层中有化学稳定性好的 ε-Fe_3N 和 N 过饱和的固溶体 α_N 相存在，加之固溶 Cr 元素的联合作用。550℃常规高温氮化层中由于有贫 Cr 的 α 相和析出的 CrN 产生，其耐腐蚀性能明显低于 2Cr13 不锈钢基材。

（7）在中性和弱酸性两种浆体腐蚀介质中，350℃低温氮化试样的冲刷腐蚀速率分别为 2Cr13 基材的 3.2% 和 12.6%，而 550℃常规高温氮化试样的冲刷腐蚀速率分别为基材的 5.14 倍和 1.49 倍，原因归于低温离子氮化层的耐腐蚀性能好、硬度高，且小攻角下 SPE 抗力高，因此有效控制了冲刷腐蚀过程中磨损与腐蚀的协同破坏作用，显著提高了不锈钢基材的冲刷腐蚀抗力。而常规离子氮化层虽然有效提高了 2Cr13 不锈钢小攻角下的 SPE 抗力，但是却显著降低了基材的耐腐蚀性能，从而使得基材的抗冲刷腐蚀性能显著降低。

第6章
ZrN单层、多层与梯度层的基本性能与冲蚀行为

自 20 世纪 60 年代末 TiN 硬质镀层问世以来，关于硬质镀层的研究一直发展较快，由于它可以显著提高金属材料表面的耐腐蚀、耐磨损和抗切削性能，已在刀具、齿轮等耐磨损部件上得到了广泛的应用。同时，该类膜层也已被用于解决小攻角下的固体粒子冲蚀(SPE)破坏问题。然而由于大、小两种攻角下金属材料的冲蚀机制不同，致使其常常不利于大攻角下 SPE 抗力的提高。如 S. Lathabai 的研究表明虽然硬质陶瓷涂层提高了不锈钢基材在 22.5°攻角下的冲蚀抗力，但在90°攻角下的冲蚀抗力却远不如基材。Krella 的研究也表明单一的硬质 CrN 镀层在大攻角下的冲蚀失效严重。

随着表面处理技术的不断发展，近年来多层膜和梯度膜相继问世，并已在耐磨损和耐腐蚀方面较单层膜显示出更大的优势。但迄今为止关于这些膜层结构的研究还主要是集中在提高刀具、模具的使用寿命以及电子器件的耐腐蚀性能方面，而应用于抗 SPE 方面的研究还很少。另外，由于多弧离子镀技术具有离化率高、离子能量高、膜层结合强度大等特点，在制备多层膜和梯度膜时有突出的优点，若再与离子辅助方式相结合，不但可以显著降低工艺过程温度，减少沉积过程中对基体组织和性能的影响，减少工件的变形，而且可以显著提高镀层本身的性能。

近年来国内外研究均表明 ZrN 与 TiN 相比，具有更高的熔点、硬度和化学稳定性，对发动机气动性能影响小，是最有前景的防护涂层之一。吴小梅等采用多弧离子镀技术制备了 ZrN 涂层，采用增压气流颗粒冲蚀试验装置测试涂层的抗冲蚀性能发现，ZrN 涂层的小攻角抗冲蚀性能比基体钛合金提高了 16 倍，且不明显影响基体的疲劳性能。因此，本章对离子辅助电弧沉积(即多弧离子镀与离子束辅助沉积技术的有机结合技术) ZrN 单层、多层与梯度层等三种结构镀层的 SPE 抗力进行研究，并通过微观形貌、显微结构与基本力学性能分析，探讨膜层结构对 2Cr13 不锈钢 SPE 抗力的影响机制，为有效解决动力装置金属叶片表面的 SPE 失效问题提供思路。

6.1　离子辅助电弧沉积 ZrN 膜层制备工艺

本书所用设备为 PIEMAD-03 型离子辅助电弧沉积系统，其结构原理图如图6-1 所示，即该设备将传统的多弧离子镀与离子辅助源相结合，以实现较低的沉积温度条件下获得良好的膜层性能。系统包括狭缝平面离子源、多弧离子靶源、脉冲偏压电源和一套真空系统。试验中给试样加上负偏压，有利于提高膜/基结合强度和沉积速率。所加平面离子源为狭缝平面离子源，与多弧离子镀靶源联合工作, 气压兼容, 实现辅助增强目的。镀膜前和膜层界面制备过程中采用狭缝平面离子源对试样基底进行轰击, 以达到镀前溅射清洗和膜层界面制备过程中膜/基原子混合的目的, 工作气体为高纯度氩气, 平面离子源工作气压为 $5 \times 10^{-1} \sim 8 \times 10^{-1} Pa$, Ar^+ 轰击能量为 $-900V$。镀膜过程中, 固定参数为：多弧靶材为高纯 Zr(99.95%) 靶, 靶基间距为 150mm, 试样表面温度 300℃。

首先将待镀试样放入真空炉内, 抽真空至 $3 \times 10^{-3} Pa$ 左右, 通入高纯氩气后, 利用狭缝平面离子源对试样基底进行轰击, 溅射清洗, 清洗时间约为 30min。同时, 用电热式辅助热源使工件升温。到指定温度后, 通入氮气, 调整工艺参数进行膜层制备。膜层制备工艺为：电流 110A, 维弧电压 60V, 偏压 $-400V$。根据膜层设计的要求调节高纯氮气的分压, 镀膜时间根据膜厚要求确定。镀膜完成后, 关闭加热源, 关闭气源, 并保持真空度, 炉冷至 80℃ 以下出炉。

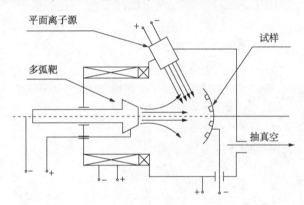

图 6-1　离子增强多弧离子镀系统示意图

本章试验对比研究了如下三种离子辅助电弧沉积膜层对 2Cr13 马氏体不锈钢基材性能的影响(表 6-1)。

表 6-1　表面处理方法

表面处理工艺	表面处理方法	膜层总厚度/μm
T1	ZrN 单层膜(Zr 打底)	
T2	Zr/ZrN 多层膜(Zr 打底)	8
T3	ZrN 梯度膜(Zr 打底)	

(1) ZrN 单层膜(用工艺 T1 表示)：膜厚度为 8μm(包括 2μm 的 Zr 底层)。

(2) Zr/ZrN 多层膜(用工艺 T2 表示)：多层膜制备时先沉积 2μm 的 Zr 底层, 然后通过沉积 Zr 的过程中交替通入 Ar 和 N_2 来实现 Zr/ZrN 多层膜(即一层 Zr 与

一层 ZrN 交替沉积）的制备，多层膜的顶层为 ZrN，每一基本单元厚度控制为
1.2μm，共 6 个基本单元，总厚度为 8 μm。

（3）ZrN 梯度层（用工艺 T3 表示）：ZrN 梯度层制备时先沉积 2μm 的 Zr 底
层，然后通入 N₂，氮气分压从 0.1Pa 逐步增加到 4Pa，膜层总厚度控制为 8μm。

6.2 离子辅助电弧沉积 ZrN 膜层的形貌与结构

6.2.1 离子辅助电弧沉积 ZrN 膜层的形貌

宏观观察表明，三种工艺下的离子辅助电弧沉积 ZrN 涂层均光洁平整，并呈金黄
色。用扫描电镜二次电子(SEI)观察试样表面微观形貌，涂层表面均有很多白亮色小
颗粒存在[图 6-2(a)]；用扫描电镜背散射(BES)观察可更加清楚地看到涂层表面的
微凸颗粒，以及个别颗粒脱落后留下的圆形凹坑[图 6-2(b)]，这主要是由于阴极电
弧靶上弧斑溅射出的未完全电离的锆液滴沉积在试样表面凝固后所形成的。

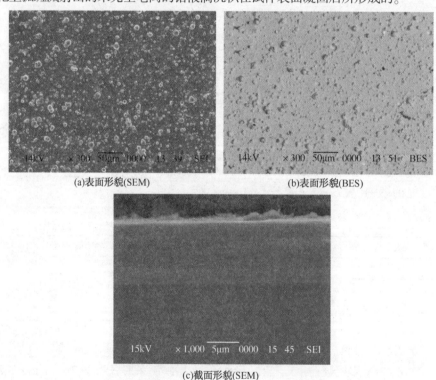

(a)表面形貌(SEM)   (b)表面形貌(BES)

(c)截面形貌(SEM)

图 6-2 ZrN 梯度膜层(T3)表面形貌及截面形貌

用金相显微镜和扫描电子显微镜观察表 6-2 所示的三种工艺制备的表面改性层。图 6-2(c) 为 ZrN 梯度膜层剖面形态的二次电子像(SEI)，图 6-3 所示为 ZrN 膜(Zr 打底)及多层膜剖面形态的背散射像(BES)。可以看到，三种试样膜–基及膜层之间的界面结合较为紧密，膜层致密，无明显缺陷。这主要是由于离子辅助电弧沉积具有较高的金属离化率和离子能量，对衬底形成强烈的离子轰击，增加了膜–基结合强度的缘故。

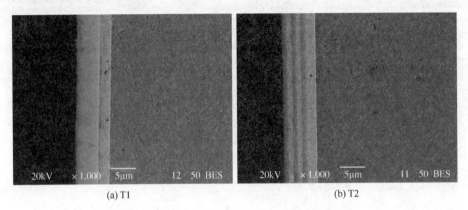

(a) T1 (b) T2

图 6-3　ZrN 膜(T1) 和 Zr/ZrN 多层膜(T2) 的截面 BES 形貌

6.2.2　ZrN 膜层的结构

通过 X′pert-PRO 型 X 射线分析仪对三种表面处理工艺下试样表面的 XRD 图谱分析结果表明，三种试样的表面均为单一的 ZrN 相，ZrN 相为 fcc 结构，膜层呈现 (200) 面择优取向，ZrN 膜层的 XRD 图谱如图 6-4 所示。

6.2.3　膜层的成分分布

图 6-5 为 ZrN 膜层(工艺 T1，Zr 打底)和 ZrN 梯度膜(工艺 T3)元素沿深度的分布曲线。可以看到，工艺 T1

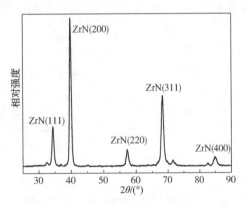

图 6-4　试样表面 ZrN 膜层的 XRD 图谱

中的 ZrN 膜层与不锈钢基体之间为 Zr 打底层，然后为 Zr∶N 约为 2∶1 的 ZrN 膜层，这样看来似乎该层应为 Zr_2N 相，但是前面的 XRD 分析表明，该层为 ZrN 相，这可能与 GDA 分析时低原子序数的 N 成分的准确度不够高有关。工艺 T3 改性层元素分布分析结果表明，在 ZrN 梯度膜与 2Cr13 不锈钢基体之间有 Zr 打底层，ZrN 梯度膜层中的 Zr 与 N 分别呈相对递减与递增的平滑缓慢规律变化，最后形成 ZrN 膜顶层。

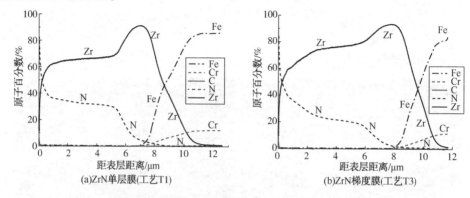

图 6-5　改性层元素沿层深变化曲线(原子百分数)

6.3　改性层的残余应力

表 6-2 为三种离子辅助电弧沉积 ZrN 膜层的表面残余应力测试结果。可以看到，膜层表面的残余应力值与膜层的结构有直接关系，且三种膜层的表面残余应力均为残余压应力，其中 T2 的残余压应力最高，接近 4GPa；而 ZrN 单层膜的表面残余应力最低，约为 1.1GPa。不同结构的膜层中残余压应力产生的主要原因归于膜层制备过程中，离子轰击造成的膜层内晶格畸变所致。此外，由于膜层与基体之间的热膨胀系数及弹性模量存在差别，因而也对膜层中残余应力的引入有影响。

表 6-2　膜层残余应力测试结果

试样编号	表面处理方法	表面残余应力/MPa
T1	ZrN 单层膜(Zr 打底)	−1103
T2	Zr/ZrN 多层膜(Zr 打底)	−3911
T3	ZrN 梯度膜(Zr 打底)	−1967

6.4　改性层的基本力学性能

6.4.1　改性层的硬度

图 6-6 为 2Cr13 不锈钢基材和三种表面处理试样的显微硬度测试值随压入载

荷变化的情况。可见，2Cr13 不锈钢基材的硬度较低，为 $278HK_{0.1}$，且基本不随载荷变化。三种表面处理工艺均显著提高了 2Cr13 基材的表面硬度，其中 T1 的硬度最高，约为 $3737HK_{0.1}$，T2 的硬度最低，为 $3074HK_{0.1}$，且两种试样的表面硬度值均随载荷的增加而显著减小，T2 下降较其他两种膜层快。T3 的表面硬度为 $3381HK_{0.1}$，且随载荷的增加下降较平缓。这主要是由于 T1

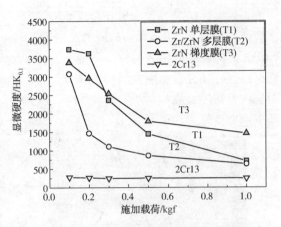

图 6-6　试样表面显微硬度随载荷变化曲线

为 ZrN 单相膜层，且膜层较厚，在静态小载荷作用时，有较高的承载能力，从而表观硬度最高；但是由于膜层较薄，当载荷增大到一定数值后，膜层被压裂或压透，硬度值则迅速减小。T2 为 Zr 金属层与 ZrN 陶瓷层交替沉积结构，由于 Zr 层硬度低，承载能力差，且表面 ZrN 层又很薄，因此试样的综合承载能力低，硬度表观值最低，且随载荷的增加快速下降。T3 为从内层 Zr 金属层到外层 ZrN 陶瓷层成分渐变的梯度结构，膜层在外载荷作用下应力与应变呈梯度变化，变形协调性好，抗开裂能力和承载能力较好，因此其硬度值随载荷的增加下降较为缓慢。

6.4.2　动态冲击载荷下的承载能力与失效行为

大攻角下固体离子冲蚀以多冲型疲劳破坏为主要失效机制，因此研究表面改性层在动态冲击载荷下的承载能力与失效行为有意义。为此，本书采用小能量多冲法评价了三种表面 ZrN 膜层在动态冲击载荷下的承载能力和失效行为。结果表明，ZrN 均质膜(T1)仅在 3000 次冲击时就出现了大量裂纹，表面膜层呈块状脱落；Zr/ZrN 多层膜(T2)和梯度膜(T3)在 5000 次冲击时出现了脱层破坏，其中 T2 的冲击坑较深，且脱层较为严重。

图 6-7 为三种表面处理试样在 5×10^3 次多冲试验后的表面形貌。可见，T1 膜层脆性较大，裂纹容易萌生和扩展，因此在动态载荷作用下表面膜层呈块状脱落［图 6-7(b)］。T2 膜层的承载能力最小，在相同倍数的扫描电镜下，其冲坑面积最大；另外，由于 Zr 金属层与 ZrN 陶瓷层的弹性模量相差较大(ZrN 的弹性模量为 510GPa，Zr 的弹性模量为 69.7GPa)，当动态冲击载荷作用时，表面改性层的应变是连续的，但是在膜层或膜-基界面处会产生较大的应力突变，这种应力分

布的不连续性极易导致膜层开裂或膜-基脱离[图6-7(c)]。ZrN梯度膜在动态冲击载荷作用时，膜-基界面的应力突变程度较小，并且底层对表层有很好的缓冲作用，因此在相同倍数的扫描电镜下，其冲坑面积最小，表现出较高的动态冲击载荷抗力；并且表面冲击后的SEM形貌没有出现大面积脱层或开裂现象，说明膜层内聚强度及膜-基结合强度较高，强韧性好。由此推知，ZrN梯度膜在大攻角下应有良好的SPE抗力。

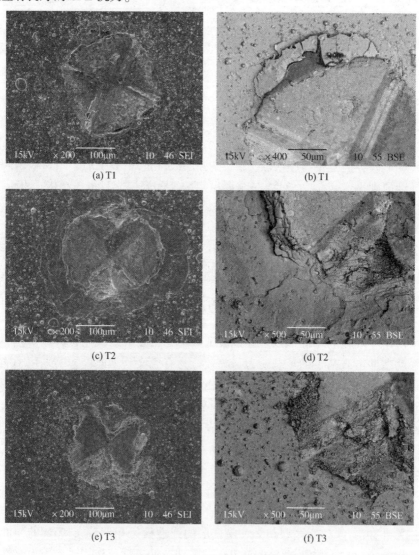

图6-7　试样在5×10³次多冲试验后的表面形貌

6.4.3 划痕载荷下的失效行为

划痕试验是评价膜层结合强度的通用方法之一，划痕试验过程与小攻角下固体粒子冲蚀过程有相近之处，因而，其试验结果对于膜层的抗小攻角固体粒子冲蚀性能有参考价值。本书划痕试验结果表明，ZrN 均质膜(T1) 的临界载荷为 14.7N，Zr/ZrN 多层膜(T2) 的临界载荷为 12.25N，而 ZrN 梯度膜(T3) 的临界载荷最高，其值为 19.6N。由此表明 ZrN 梯度膜层有更高的膜-基结合强度及内聚强度，其抗犁削能力和小攻角冲击能力也较高。

图 6-8 为 19.6N 载荷下划痕试验后 ZrN 梯度膜(T3) 试样表面的划痕形貌。可见，当压力达到临界载荷时，膜层会在外力作用下破裂和剥落。提高膜层在划痕试验中的抗破坏能力主要在于提高膜层结合强度、内聚强度和承载能力。

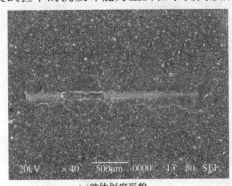 

(a)整体划痕形貌   (b)局部划痕特征

图 6-8   T3 试样在 19.6N 载荷下表面的划痕形貌

6.5 摩擦磨损性能

图 6-9 为经过 1800s 磨损试验后，2Cr13 不锈钢基材和三种表面处理试样的体积损失对比情况。结果表明：2Cr13 不锈钢磨损严重，其体积损失为 $0.617\times10^{-3}mm^3$。在相同的磨损条件下，T3 的磨损体积损失最小，为 $0.177\times10^{-3}mm^3$，而 T1 和 T2 的磨损体积损失也较为显著，与 2Cr13 不锈钢基体接近。这说明 ZrN 梯度膜层显著提高了 2Cr13 不锈钢

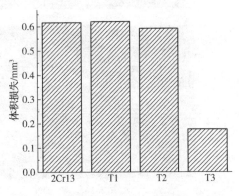

图 6-9   不同表面处理试样的磨损体积损失

的磨损抗力，而 ZrN 单层膜和多层膜均不能有效改善不锈钢的耐磨损性能。

图 6-10 分别为 T1、T2 和 T3 三种表面处理试样磨损试验后的表面 SEM 形貌。由图 6-10(a)和(b)可以看到，T1 的磨损机理以疲劳开裂、脱层和较为明显的磨粒磨损犁沟为特征，磨损较为严重；T2 试样表面没有出现大量的疲劳裂纹，即表面韧性较好，但是也出现了明显的脱层和犁沟特征，磨损程度也较重[图 6-10(c)和(d)]；而 T3 试样磨损较轻微，磨损以较轻的磨粒磨损和擦涂为主要特征，同时伴有轻微的疲劳开裂现象[图 6-10(e)和(f)]。这表明，ZrN 梯度膜层有很好的抗疲劳磨损、磨粒磨损性能，因而明显改善了 2Cr13 不锈钢基材的耐磨性能。

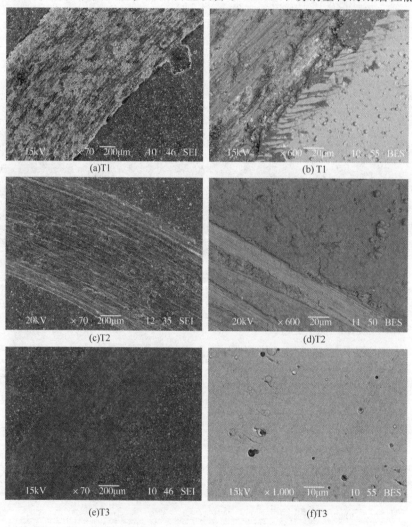

(a)T1

(b) T1

(c)T2

(d)T2

(e)T3

(f)T3

图 6-10　三种表面处理试样的磨损形貌

对于工艺 T1 制备的 ZrN 均质膜试样，由于其膜-基结合强度低、膜层韧性差、膜层与不锈钢基材之间存在较大的应力梯度和硬度梯度，因此，膜基的应变协调性差，在磨损过程中的剪切力作用下，膜层裂纹易于萌生、扩展、聚合，最终导致膜层脱层破坏，因此该工艺膜层的磨损机制以磨粒磨损和疲劳磨损为主。对于工艺 T2 制备的 ZrN 多层膜试样，由于其结构为 Zr 金属层与 ZrN 陶瓷层交替沉积，因此该膜层较 T1 单层膜结构具有较高的韧性（软相 Zr 的增韧作用），从而阻止了疲劳裂纹的萌生和扩展；但是由于 Zr 层硬度低，承载能力差，导致 Zr/ZrN 多层膜的承载能力较低，在磨损过程中出现了明显的脱层现象。ZrN 梯度膜结构，成分梯度的变化使得界面处应力不连续分布的程度得到了缓解，膜层的断裂韧性增大，提高了在摩擦载荷反复作用下裂纹萌生和扩展阻力。

由于本书球-盘磨损试验中的配副为 Al_2O_3 球，其材质与本书固体粒子冲蚀试验用磨粒一致，因此上述球-盘磨损过程与小角度下固体粒子冲蚀工况较为接近。上述球-盘磨损结果表明，ZrN 梯度膜比 ZrN 均质膜和多层膜具有更好的耐磨性能，由此预计 ZrN 梯度膜应具有更高的抗小攻角固体粒子冲蚀性能。

6.6 固体颗粒冲蚀行为

由于 2Cr13 不锈钢与 ZrN 陶瓷膜层的密度不同，故以体积损失作为固体粒子冲蚀（SPE）抗力的评价指标，同时辅以冲蚀损伤区几何轮廓的测定。图 6-11 为 90°攻角下，2Cr13 不锈钢基材和三种表面处理试样的固体粒子冲蚀体积损失。可见，在 90°大攻角下，ZrN 均质膜（T1）的体积损失最大，为 0.46 mm^3，而 Zr/ZrN 多层膜（T2）和 ZrN 梯度膜（T3）的体积损失较小，分别为 0.21 mm^3 和 0.17mm^3，由此表明，三种表面处理工艺试样的 SPE 体积损失均高于 2Cr13 不锈钢基材（0.046 mm^3）。另外，由 2Cr13 不锈钢基材以及三种表面处理试样的 SPE 冲痕轮廓（图 6-12）也可以清楚地看到，T1、T2 和 T3 试样的体积损失均明显大于 2Cr13 不锈钢基材。即在 90°大攻角下，三种结构的 ZrN 膜层的 SPE 抗力由大到小依次为梯度膜>多层膜>均质膜，且三者的 SPE 抗力均不如 2Cr13 不锈钢基材。由此表明，三种结构的 ZrN 膜层均不能提高 2Cr13 不锈钢在 90°大攻角下的 SPE 抗力。

图 6-13 为 90°攻角下 2Cr13 不锈钢及三种表面处理试样的 SPE 宏观形貌。可以看到，2Cr13 不锈钢的表面 SPE 痕迹较明显；ZrN 均质膜（T1）表面冲痕中心附近的膜层已经完全脱落，冲痕边缘的膜层呈锯齿状分布；Zr/ZrN 多层膜（T2）表面的冲蚀痕迹呈多圆环分布特征；ZrN 梯度膜（T3）表面的冲蚀痕迹较浅，但冲痕中间有两处局部脱层现象。图 6-14 为 90°攻角下 2Cr13 和 T3 试样固体粒子冲蚀后的微观形貌。SEM 微观分析表明，T1 和 T2 冲痕中心的膜层已经完全脱落，

微观形貌和 2Cr13 不锈钢基材基本一致，表现为大量带唇片的凹坑。T3 除两处局部脱层外，大部分膜层基本完好，但局部有轻微冲蚀坑和开裂现象出现[图 6-14(b)]。

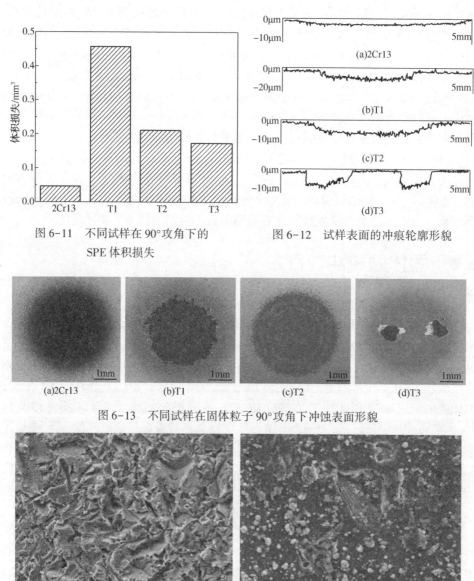

图 6-11　不同试样在 90°攻角下的 SPE 体积损失

图 6-12　试样表面的冲痕轮廓形貌

图 6-13　不同试样在固体粒子 90°攻角下冲蚀表面形貌

图 6-14　在 90°攻角下 2Cr13 和 T3 试样的 SPE 微观形貌

这是由于 90° 大攻角下 SPE 的失效机制主要为多冲型疲劳破坏，为此要求材料表面应具有较高的疲劳抗力和承载能力。然而 ZrN 与不锈钢基体、ZrN 与 Zr 之间的弹性模量差别很大（ZrN 的弹性模量为 510GPa，2Cr13 不锈钢的弹性模量为 223GPa，Zr 的弹性模量为 69.7GPa），当固体粒子冲击载荷作用时，表面改性层的应变是连续的，但是在膜层或膜基界面处会产生较大的应力突变，这种应力分布的不连续性极易导致膜层开裂、膜基脱离[图 6-13(b)]或多层膜膜层之间的分离[图 6-13(c)]。由于 T2 为多层膜结构，比 T1 具有更高的韧性（软相 Zr 的增韧作用），能在更大程度上吸收入射粒子的冲击动能，另外表层具有较高的残余压应力对表面裂纹的萌生和扩展起到一定的阻碍作用，因此表现出较 T1 更高的 SPE 抗力；但是由于其韧性和吸收冲击能量的能力尚不及 2Cr13 钢，故其 SPE 抗力低于不锈钢基材。T3 表层为 ZrN 梯度膜结构，在动态冲击载荷作用时，膜基界面的应力突变程度较小，且表层具有较高的残余压应力，因此表现出较高的 SPE 抗力。然而，该膜层的膜基结合强度和表面承载能力还不够高，因而抗多冲疲劳性能仍然较低，由此导致 T3 在 90° 大攻角下发生了局部脱层现象[图 6-13(d)]，其 SPE 抗力低于 2Cr13 不锈钢基体。另外，当固体粒子束从加速管射出时，粒子束会产生一定程度的发散和变速现象，致使冲蚀痕迹从中心到边沿呈现出由严重到轻微的变化趋势。

在 30° 冲蚀攻角下，2Cr13 基材的冲蚀失重为 1.2mg，而四种不同表面处理试样的冲蚀失重很小，用精度 0.01mg 的电子分析天平难以精确测出失重数值。用轮廓仪测定 2Cr13 不锈钢及三种表面处理试样在 30° 攻角冲蚀后表面的冲痕形貌，结果如图 6-15 所示。可以看出，2Cr13 不锈钢的冲蚀坑较深，体积损失较大；三种表面处理试样的冲蚀坑深度和体积损失均显著小于不锈钢基材。其中 T1 和 T3 试样的冲蚀坑深度及体积损失较为接近，且均小于 T2 试样。

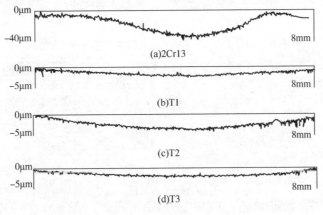

图 6-15　试样表面的冲痕轮廓形貌

图 6-16 和图 6-17 分别为 30°攻角下 2Cr13 不锈钢及三种表面处理试样的 SPE 宏观形貌及微观 SEM 形貌。可以看出，在 30°攻角下，2Cr13 基材由于硬度低、耐磨损性能差，冲蚀痕迹较为明显；微观形貌主要以切削和犁削为主。而其他三种表面处理试样的冲蚀痕迹较轻，微观形貌主要为方向性很强的擦伤现象；其中 T2 的冲蚀痕迹稍明显，表面出现了 Zr/ZrN 界面分离造成的膜层损伤。这是由于在 30°攻角下，冲蚀破坏机制以微切削为主，此时试样的冲蚀抗力主要取决于表面的硬度。因为 2Cr13 基材硬度低，耐磨损性能差，所以体积损失最大。而三种表面处理试样均显著提高了基材的表面硬度，因此在保证一定的膜-基结合强度的前提下，三种表面处理工艺均显著提高了 30°攻角下不锈钢基材的 SPE 抗力。但是由于 T2 试样的表面硬度和承载能力不及 T1 和 T3 试样，此外，Zr/ZrN 多层膜中膜层界面的抗剪切强度也不够高（因存在软层 Zr 单元），因而在周而复始的微切削作用下，冲蚀损失体积稍大。

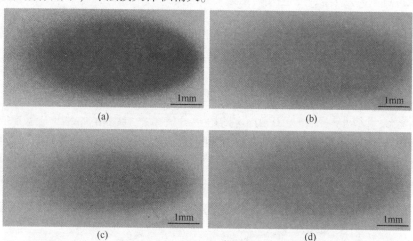

图 6-16　不同表面处理状态的 2Cr13 钢试样在固体粒子 30°攻角下冲蚀表面形貌

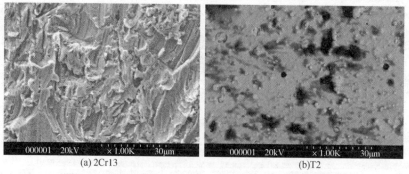

(a) 2Cr13　　　　　　　　　　　(b) T2

图 6-17　不同试样在 30°攻角下固体粒子冲蚀微观形貌

图 6-18 给出了 90°和 30°两种冲蚀攻角下的 ZrN 均质膜层固体粒子初始冲蚀阶段的表面损伤微观形态特征。由于离子辅助电弧沉积 ZrN 膜层表面不可避免地存在 Zr 液滴凝固形成的表面颗粒，可以看到，在 90°攻角冲蚀初期，ZrN 膜层表面的冲蚀物质迁移主要以表面凸起的 Zr 颗粒的脱落为主，平滑的 ZrN 区域冲蚀损伤较轻。当冲蚀攻角为 30°时，膜层表面清晰可见沿固体粒子冲蚀方向的擦伤痕迹，Zr 颗粒受到磨粒切削和切向撞击的作用，易于脱离表面。另外，由于纯 Zr 液滴硬度低，且与 ZrN 膜层的结合强度低，遭受固体粒子冲蚀时，也容易从表面脱落，从而导致膜层起始冲蚀速率较高，然而，当 Zr 颗粒基本去除后冲蚀率降低，并进入稳定冲蚀阶段。

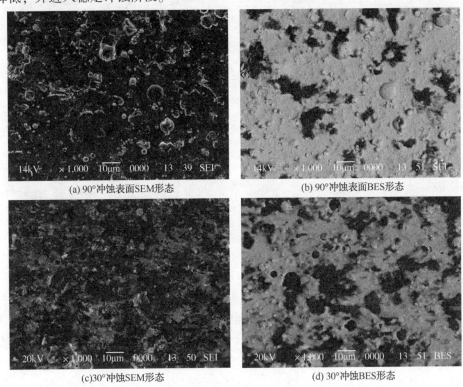

(a) 90°冲蚀表面SEM形态 (b) 90°冲蚀表面BES形态

(c)30°冲蚀SEM形态 (d) 30°冲蚀BES形态

图 6-18　ZrN 膜层固体粒子冲蚀初期 SEM 照片

6.7　腐蚀行为

图 6-19 为经过 720h 盐雾腐蚀后 2Cr13 不锈钢试样及三种表面处理试样的表面腐蚀形貌。可以看到，2Cr13 不锈钢基材试样耐腐蚀性能较差，表面出现明显

的局部腐蚀现象[图6-19(a)];T1试样表面未发生明显的腐蚀[图6-19(b)];同样,T2和T3试样表面也无明显的腐蚀痕迹。由此可见,无论ZrN单层均质膜、多层膜,还是ZrN梯度膜均明显提高了2Cr13不锈钢基材的耐腐蚀性能。

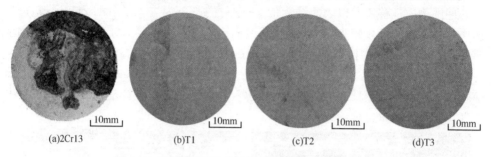

(a)2Cr13   (b)T1   (c)T2   (d)T3

图6-19 不同表面状态试样表面的腐蚀形貌(720h)

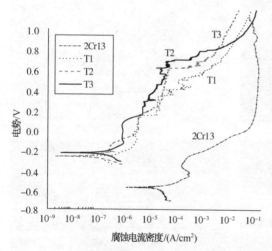

图6-20 不同表面状态试样的阳极极化曲线

图6-20为2Cr13不锈钢试样及三种表面处理试样在酸性NaCl溶液中的阳极极化曲线,可以看到,2Cr13不锈钢基材的阳极极化曲线没有显著的钝化区,与三种表面处理试样相比,开路电位最低(-0.58V);而三种表面处理试样的阳极极化曲均有明显的钝化区,T1、T2和T3试样的开路电位分别为-0.272V、-0.238V和-0.273V,均明显高于2Cr13不锈钢基体,由此表明,三种表面处理试样具有较高的电化学腐蚀抗力。根据塔菲尔直线外推法计算出2Cr13基体开路电位下的自腐蚀电流密度为:$I_{corr} = 3.77 \times 10^{-6} A/cm^2$,T1试样的自腐蚀电流密度为:$I_{corr} = 6.54 \times 10^{-7} A/cm^2$,T2试样的自腐蚀电流密度为:$I_{corr} = 7.32 \times 10^{-8} A/cm^2$,而T3试样的自腐蚀电流密度为:$I_{corr} = 1.58 \times 10^{-7} A/cm^2$。即在同样的腐蚀条件下,ZrN单层均质膜使2Cr13基体的自腐蚀电流降低83%,而ZrN多层膜和梯度膜分别使2Cr13基体的自腐蚀电流降低99.8%和95.8%。此外,三种表面处理试样T1、T2和T3的点蚀电位分别为0.46V、0.70V和0.67V,均明显高于2Cr13不锈钢基体的点蚀电位(-0.21V),因此T1、T2和T3三种表面处理方法均可以显著提高2Cr13不锈钢的耐腐蚀性能,并且以T2和T3处理工

艺的提高效果更加显著。

　　分析原因主要有：首先，三种表面处理层的表面 ZrN 膜均较为致密，自身耐腐蚀性能好；其次，在 ZrN 单层均质膜的制备过程中，由于膜层的柱状晶结构和表面液滴等因素的影响，膜层中会形成微孔和其他缺陷。而在制备 ZrN 多层膜和梯度膜时，由氮气分压变化会引起膜层成分的相应变化，从而导致微孔闭合，并限制其生长。新的微孔会在其他条件适宜的位置形成，从而不会形成从膜层表面到内部基体的"通道"，避免了内部基体直接与电解液接触。因此，ZrN 多层膜和梯度膜比 ZrN 单层膜对 2Cr13 基材具有更好的电化学腐蚀保护作用。另外，由于 T2 为 Zr 金属膜层和 ZrN 陶瓷膜层交替沉积的过程，使得该工艺对阻止柱状晶形成和封闭膜层中的微孔效果更加显著，加之金属 Zr 的优异的耐腐蚀性能，因此 Zr/ZrN 多层膜的电化学腐蚀保护作用优于 ZrN 梯度膜层。

6.8　浆体冲刷腐蚀行为

　　表 6-3 为 2Cr13 钢和三种表面处理试样在弱酸性浆体介质中的冲刷腐蚀试验结果。可以看到，三种表面处理试样经 10h 浆体冲刷腐蚀试验后体积损失分别为未处理试样的 6.2%、6.5% 和 4.7%，由此可见，无论 ZrN 单层膜、多层膜，还是 ZrN 梯度膜均显著提高了 2Cr13 不锈钢基材的耐固液两相冲刷腐蚀性能。

表 6-3　2Cr13 钢及带镀层试样冲刷腐蚀磨损结果

试验环境编号	试样	体积损失/mm^3	相对冲刷腐蚀性能
酸性冲蚀砂浆介质 （pH：3±0.2）	2Cr13	21.5	1
	ZrN 单层均质膜（T1）	1.34	6.2%
	Zr/ZrN 多层膜（T2）	1.40	6.5%
	ZrN 梯度膜（T3）	1.02	4.7%

　　根据浆体中冲刷腐蚀机制的分析，在冲刷腐蚀过程中，磨粒的切向运动将会被加强，而法向运动会减弱，因此仅就固体颗粒对试样表面的作用来看，与小角度固体颗粒干冲蚀行为相近。由本章的腐蚀试验和小攻角固体粒子冲蚀试验可知，T1、T2 和 T3 三种表面处理试样显著提高了 2Cr13 基材的耐腐蚀和抗小角度 SPE 性能，因此从腐蚀和磨损两方面阻碍了冲刷腐蚀破坏作用，从而显著提高了 2Cr13 不锈钢的耐冲刷腐蚀性能。

　　本章通过试验研究所获得的主要结论有：

　　（1）离子辅助电弧沉积 ZrN 单层均质膜、多层膜和梯度层膜均使 2Cr13 马氏体不锈钢基体的表面硬度和抗微切削性能显著提高，因而有效提高了 2Cr13 不锈钢基材的 30°小攻角下的固体粒子冲蚀（SPE）抗力。

（2）在 90°大攻角 SPE 条件下，ZrN 梯度层的界面应力分布连续性较好，其抗冲蚀性能优于 ZrN 单层均质膜和 Zr/ZrN 多层膜；Zr/ZrN 多层膜比 ZrN 单层膜韧性高，故 SPE 抗力高于后者；然而，这三种膜层的承载能力均不够高，抗多冲疲劳性能差，使得 90°大攻角下的 SPE 抗力尚不及 2Cr13 不锈钢基材。

（3）离子辅助电弧沉积 ZrN 梯度膜层使 2Cr13 不锈钢基体的磨损抗力显著提高，磨损机制主要以擦涂和抛光为主。而 ZrN 单层膜和 Zr/ZrN 多层膜由于膜－基结合强度和承载能力较低等原因，在磨损过程中容易发生脱层现象，因而不能明显提高不锈钢基体的磨粒磨损抗力。

（4）在弱酸性腐蚀环境中，ZrN 单层均质膜、多层膜和梯度层膜均使 2Cr13 不锈钢基体的耐腐蚀性能显著改善。ZrN 单层膜使 2Cr13 基体的自腐蚀电流密度降低 83%，而 ZrN 多层膜和梯度膜使 2Cr13 基体的自腐蚀电流密度分别降低 99.8% 和 95.8%。此归因于三种 ZrN 膜层均较为致密，自身耐腐蚀性能好。另外，在制备 ZrN 多层膜和梯度膜的过程中，由氮气分压变化会引起膜层成分的相应变化，从而导致微孔的闭合和柱状晶生长被限制，避免了内部基体与电解液直接接触"通道"的形成，因此，ZrN 多层膜和梯度膜比 ZrN 单层膜对 2Cr13 基材具有更好的电化学腐蚀保护作用。

（5）由于 ZrN 单层均质膜、多层膜和梯度层膜均显著提高了 2Cr13 基材的耐腐蚀性能和抗小攻角 SPE 抗力，因而有效阻碍了固液两相冲刷腐蚀过程中腐蚀与固体粒子冲刷磨损的协同破坏作用，从而显著提高了 2Cr13 不锈钢的耐固液两相冲刷腐蚀性能。

第7章

复合表面改性及其冲蚀与疲劳行为

前面章节表明，采用单一的表面处理方法难以达到同时解决控制马氏体不锈钢大攻角与小攻角固体粒子冲蚀损伤，并兼顾抗疲劳与耐腐蚀表面性能需要的目标。如第 4 章的研究结果表明，喷丸强化处理可以提高 2Cr13 马氏体不锈钢的耐腐蚀和抗疲劳性能，但是对其表面的固体粒子冲蚀（SPE）抗力却没有明显改善作用。第 5 章的结果表明，2Cr13 不锈钢低温离子氮化处理可以提高耐磨损性能、耐腐蚀性能、抗小攻角 SPE 性能，以及抗疲劳性能，但是却降低了 2Cr13 不锈钢基材抗大攻角 SPE 性能。第 6 章的结果表明，离子辅助电弧沉积 ZrN 梯度膜层可以显著提高 2Cr13 不锈钢基材的耐腐蚀、耐磨损和抗小攻角固体粒子冲蚀性能，在大攻角下的 SPE 抗力也明显好于 ZrN 均质膜和 Zr/ZrN 多层膜，但是大攻角 SPE 仍然不及 2Cr13 不锈钢基材。金属材料小攻角下的冲蚀机制以微切削为主，大攻角下的冲蚀机制则以多冲型疲劳破坏为主，因此，不同攻角下抗 SPE 所需要的材料表面性能不同。抗磨粒磨损表面改性处理有利于提高材料表面微切削抗力，能够改善小攻角下 SPE 抗力，然而这种提高抗磨性能的方法往往会伤害基材的疲劳性能。为了使表面改性层能够同时兼顾抗全角（包括大攻角与小攻角）固体粒子冲蚀、抗疲劳和耐腐蚀的综合性能，自然应考虑到将上述表面改性技术进行有机地复合。结合前期的研究结果，可以考虑的复合处理主要有：

第一，离子辅助电弧沉积+喷丸处理。由于离子辅助电弧沉积过程有一定的温升，若将其与前喷丸处理复合（即喷丸处理后再进行离子辅助电弧沉积），则会导致喷丸工件表面残余压应力的松弛，从而降低喷丸改善金属基材疲劳性能的效果；若将其与后喷丸处理进行复合（即离子辅助电弧沉积后再进行喷丸处理），则又会因为膜–基结合强度的限制，容易在喷丸处理时发生镀层的脱落破坏，所以这两种复合均不可取。

第二，离子氮化+喷丸处理。由于离子氮化过程存在一定的温升，因此也不适合与前喷丸处理复合；由于离子氮化层与基体之间属于冶金结合，结合强度高，因此，若将其与后喷丸处理复合，改性层不易脱落，从而可以在保证改性层的表面硬度的前提下，有效地提高改性层的疲劳抗力，因此，这种复合有望达到全攻角下改善 2Cr13 不锈钢 SPE 抗力的目的。

第三，离子氮化+离子辅助电弧沉积。离子氮化引入的表面残余压应力与喷丸强化不同，是依靠晶格畸变作用，因而不易受温度的影响；另外，离子辅助电弧沉积技术较传统多弧离子镀过程温度低（可控制在 300℃ 以下），能够与对于不锈钢展现出良好综合改性效果的低温离子氮化工艺相容；同时离子氮化层表面硬度高，有利于提高表面镀层的承载能力，因此，将低温离子氮化与离子辅助电弧沉积 ZrN 梯度膜结合，也可望实现上述研究目标。

另外，根据本书第 6 章的研究结果，从强韧性能和抗冲击载荷性能要求出发，ZrN 梯度膜层变形协调性好，在改善 2Cr13 不锈钢的 SPE 性能方面有优势。但是关于梯度膜层的具体细节结构对 SPE 抗力影响的研究还较少见报道，因而有必要做深入的探讨。

为此，本章重点探讨两种表面复合处理方法（低温离子氮化与后喷丸处理复合、低温离子氮化与离子辅助电弧沉积膜层复合）改进 2Cr13 不锈钢全攻角抗 SPE 性能的可行性，并对表面改性层的耐磨损及抗疲劳性能进行评价。同时深入探讨 ZrN 梯度膜的结构细节对复合改性层 SPE 抗力的影响规律和作用机制。

7.1 离子氮化与喷丸强化复合处理

7.1.1 复合表面改性层的表面特征

采用低温离子氮化与喷丸强化复合处理技术对 2Cr13 马氏体不锈钢进行了表面改性处理。离子氮化在 LD2-50 型离子氮化炉中进行，氮化温度为 350℃，氮化时间 15h。离子氮化处理后，将试样放入 33/8558 型数控喷丸设备的专用夹具上，喷丸工艺见本书第 4 章。

350℃氮化试样经喷丸处理后，宏观表面观察发现试样表面有轻微脱层现象出现，并且试样的喷丸冲坑深度显著小于 2Cr13 不锈钢基材喷丸试样。对复合处理试样表面进行表面粗糙度测量，结果如图 7-1 所示。复合处理试样的表面粗糙度 R_a 为 0.431μm，远小于 2Cr13 不锈钢喷丸试样（1.738μm）。这主要是由于 350℃氮化试样表面有硬度较高的氮化物层存在，这类氮化物（包括 ε-Fe$_3$N，γ'-Fe$_4$N）硬度高但脆性大，因此在钢丸的冲击疲劳作用下，出现了轻微的脱层现象。另外，由于氮化层的硬度显著高于 2Cr13 钢基材，且具有一定的厚度，因此其承载能力和抗塑性变形能力均高于基材，由此使得复合处理试样表面的喷丸凹坑深度和粗糙度均低于 2Cr13 不锈钢喷丸试样。

7.1.2 固体粒子冲蚀行为

图 7-2 为 30°和 90°攻角下，未处理试样和复合处理试样的 SPE 试验结果。由图可知，在 30°冲击角下，未处理试样和复合处理试样的冲蚀率分别为

R_a	0.431μm
R_{max}	5.083μm
R_z	2.114μm

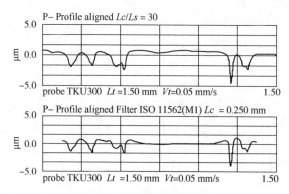

图7-1 复合处理试样的表面粗糙度

0.020mg/g 和 0.018mg/g，即复合表面处理提高了小攻角下不锈钢基材的 SPE 抗力，但改变程度不显著。这主要是由于虽然 350℃氮化处理显著提高了试样的表面硬度，提高了小攻角下的 SPE 抗力；但是后喷丸处理使得试样表面出现了轻微的脱层现象，高硬度的氮化物层被减薄，降低了试样的表面硬度，降低了试样表面的微切削抗力；另外，后喷丸处理造成了复合处理试样的表面粗糙度增大（未处理试样的表面粗糙度约为 0.2μm），增加了试样在冲蚀粒子束下的有效暴露面积，使得试样的冲蚀抗力下降，由此导致复合处理试样的小攻角 SPE 抗力仅略高于 2Cr13 基材。

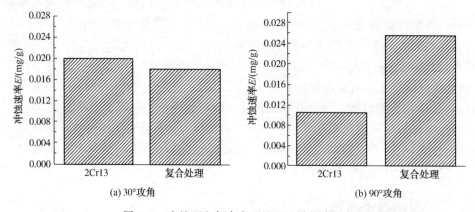

图7-2 未处理和复合表面处理试样的冲蚀率

由图 7-2 可知，在 90°攻角下，复合处理试样的冲蚀率为未处理试样的 2.5 倍。说明复合处理明显降低了 2Cr13 基材大攻角下的 SPE 抗力。这主要是由于在大攻角下，材料的冲蚀机制以多冲型疲劳破坏为主，而复合处理试样表层均为氮化物层，这类氮化物（ε-Fe$_3$N，γ'-Fe$_4$N）的硬度高且脆性大，因此抗多冲疲劳性能差，导致在大攻角下复合处理试样的固体粒子冲蚀率远大于 2Cr13 基材；另外，试样表面粗糙度的增大也使得表面的冲蚀抗力下降。因此，复合表面处理明显降低了大攻角下 2Cr13 钢的抗 SPE 性能，即离子氮化与后喷丸强化复合处理不能解决全攻角下的固体粒子冲蚀问题。

7.2 离子氮化与离子辅助电弧沉积复合

7.2.1 复合改性层的成分分布及残余应力分析

采用离子氮化与离子辅助电弧沉积 ZrN 梯度层复合处理技术共制备了四种 2Cr13 不锈钢复合表面改性试样，分别用 M1、M3、M8 和 M15 标记。离子氮化在 LD2-50 型离子氮化炉中进行，氮化温度为 350℃，氮化时间 15h。离子辅助电弧沉积 ZrN 梯度层在 PIEMAD-03 型离子辅助电弧沉积系统中进行，ZrN 梯度层制备时先沉积 1μm 的 Zr 底层，然后通入氮气，氮气分压均从 0.1Pa 逐步增加到 4Pa，氮气分压变化间隔（下文称为成分台阶）根据膜层厚度平均分配。膜层总厚度控制约为 8μm，镀膜时间根据膜厚要求确定。

（1）M1 处理：氮化+单层 ZrN 膜，表层为 ZrN 均质膜结构，厚度 7μm（计为 1 个 ZrN 成分台阶）；

（2）M3 处理：氮化+3 台阶 ZrN 梯度膜结构，每个固定成分区间厚约 2.3μm（共 3 个 ZrN 成分台阶）；

（3）M8 处理：氮化+8 台阶 ZrN 梯度膜结构，每个固定成分区间厚约 0.9μm（共 8 个 ZrN 成分台阶）；

（4）M15 处理：氮化+15 台阶 ZrN 梯度膜结构，每个固定成分区间厚约 0.5μm（共 15 个 ZrN 成分台阶）。

对复合处理试样进行辉光光谱分析（GDA），四种复合表面改性层中主要元素沿层深的分布情况如图 7-3 所示。由图 7-3（a）可知，M1 试样表层为 ZrN 单层均质膜，随着层深的增加，Zr 和 N 的原子百分数曲线平滑恒定。M3 试样表层为 3 台阶梯度膜结构，由图 7-3（b）可以看到，随着层深的增加，Zr 原子百分数含量按阶梯状增加，对应的 N 原子百分数含量则按阶梯状下降。由于在 ZrN 梯度膜层的沉积过程中，氮气分压是逐渐改变的，因此梯度层之间为平滑过渡。M8 和 M15 分别为 8 台阶和 15 台阶梯度膜结构，膜层中的 Zr 原子和 N 原子沿层深分布的变化趋势较 M3 试样更加平滑，见图 7-3(c) 和(d)。选取 M3 试样进行残余应力测试，结果表明改性层表面存在残余压应力，约为 -1899MPa。

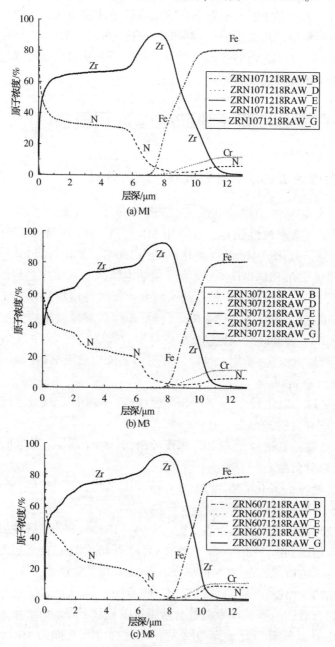

图 7-3　四种复合改性层的元素沿层深分布

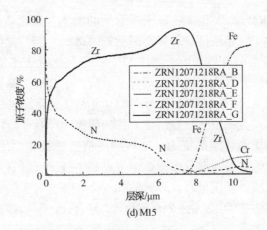

(d) M15

图7-3　四种复合改性层的元素沿层深分布(续)

7.2.2　复合改性层的基本力学性能

7.2.2.1　复合改性层的硬度

图7-4为2Cr13不锈钢基材和四种复合表面处理试样的显微硬度测试值随静态压入载荷变化的情况。可看到，2Cr13不锈钢基材的硬度较低，为278HK$_{0.1}$，且基本不随载荷变化。四种复合表面处理均显著提高了2Cr13基材的表面硬度，其中M1试样的硬度最高，约为3826HK$_{0.1}$，略高于未氮化预处理的ZrN试样（3737HK$_{0.1}$）。当载荷高于0.5kgf

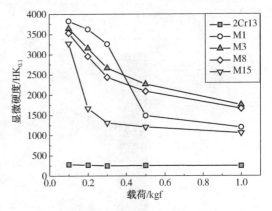

图7-4　试样表面显微硬度随载荷变化曲线

时，硬度值显著降低，说明膜层被压透。M15试样的硬度最低，为3274HK$_{0.1}$，其硬度值随载荷的增加而显著减小，说明该表面处理层的承载能力最低。M3试样和M8试样表面的显微硬度分别为3643HK$_{0.1}$和3531HK$_{0.1}$，两者随载荷的增加下降趋势基本一致，均较缓慢。

这主要是由于M1试样表层为ZrN陶瓷单层膜结构，并且膜层较厚，底层又有氮化层支撑，因此在静态小载荷作用时，有较高的承载能力，表观硬度最高；当载荷增大至一临界值时，脆性膜层发生破裂失效，导致所测硬度值迅速减小；但是由于底层氮化层的支撑，硬度仍远高于基材。由于底层氮化层的支撑提高了

· 127 ·

ZrN 膜的表面承载能力，因此，随着压入载荷的增大，硬度值降低的较缓。M15 试样由于成分梯度小，膜层抵抗外界变形的能力降低，容易发生开裂或脱层；另外，M. Bielawski 等人研究也表明，梯度膜中成分变化过于平滑将会使膜层内部的张应力增加，当外界载荷作用时膜层容易失效，承载能力降低，因此导致其硬度值随载荷的增加下降较快。M3 和 M8 试样的成分变化间隔较大，每个固定成分的区间层较厚，具有一定的抗变形能力，相邻区间存在一定的约束，使得承载能力提高，加之底层氮化层的支撑，使得硬度值随着载荷的增加下降缓慢。M3 复合处理试样剖面的显微硬度分布测试结果见表 7-1，可以看到复合改性层从试样基体到表面 ZrN 层，硬度呈现较理想的梯度分布，这对于提高表面的承载能力是十分有利的。图 7-5 为"氮化+ ZrN 梯度膜"复合处理剖面显微硬度测试压痕形貌。上述研究结果表明，氮化+ 较少台阶组成的 ZrN 梯度膜层结构可以显著提高 2Cr13 不锈钢基材的静态承载能力。

表 7-1 离子氮化和 ZrN 梯度层复合处理试样剖面硬度测试结果

横截面位置	基体	氮化处理层		镀层		
	2Cr13	氮扩散层	化合物层	Zr 膜层	梯度层	ZrN 膜层
硬度/$HK_{0.1}$	278	687	956	805	2192	3643

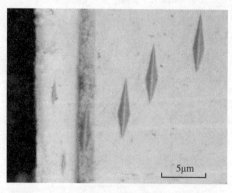

图 7-5 M3 复合处理试样的剖面形貌(带显微硬度测试压痕)

7.2.2.2 动态冲击载荷下的承载能力与失效行为

用小能量多冲法评价了四种复合表面处理试样在动态冲击载荷下的承载能力和失效行为，结果表明，M1 和 M15 仅在 3000 次冲击时就出现了大量裂纹和脱层现象；M3 和 M8 在 $1×10^4$ 次冲击时才出现明显的脱层现象，对脱层破坏的三个区域(中心区、边沿区和过渡区)进行能谱面扫描分析，结果表明脱层区主要为 Zr 元素，无 Fe、Cr 元素，说明复合处理表面的 ZrN 梯度膜失效形式主要为膜层内聚破坏，而膜/基结合力较高。图 7-6 为 M3 试样在 $1×10^4$ 次多冲试验后的表面形貌及能谱分析结果。

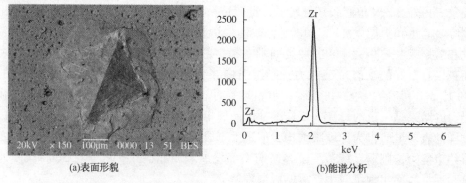

| (a)表面形貌 | (b)能谱分析 |

图 7-6　M3 试样在 $1×10^4$ 次多冲试验后的表面形貌及能谱

　　图 7-7 为相同的冲击次数（5000 次）下，四种复合处理层的多冲表面形貌。结果表明，M1 试样在多冲试验后冲坑形状很不规则，冲坑周围出现了严重的脱层现象。这是由于 M1 试样表层为 ZrN 单层均质膜结构，底层为氮化层，中间为 Zr 过渡层，但是 Zr 过渡层与 ZrN 单层均质膜之间存在较大的硬度差和弹性模量差，外载荷作用下界面处存在较大的应力梯度，因而易于在界面处产生开裂脱层

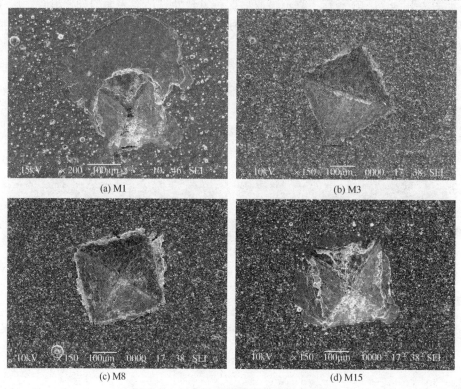

| (a) M1 | (b) M3 |
| (c) M8 | (d) M15 |

图 7-7　复合处理试样的多冲微观形貌

现象。另外，ZrN 单层膜韧性较低，疲劳抗力低，在多冲头的反复作用下裂纹比较容易萌生和扩展。M3 和 M8 复合改性层试样在多冲试验后均未出现明显的裂纹和脱层现象，但是 M8 的冲坑周围有稍多磨屑堆积。这说明 M3 和 M8 试样表面膜层有更好的动态承载能力，膜层强韧综合性能较好，并且成分台阶数少的 M3 比成分台阶数多的 M8 有更高的抗动态冲击性能，这与图 7-4 所测静态承载能力的结果是一致的。M15 试样的冲坑四周出现了严重的脱层现象。这说明 M15 试样的表层虽然也为梯度膜结构，但是由于成分梯度划分过于小，层内的内在变形约束能力被削弱，疲劳裂纹容易向内部发展。因此，M15 试样在 5000 次多冲试验后，表面出现了较为严重的脱层现象。

7.2.2.3　划痕载荷下的失效行为

划痕试验结果表明，M1 的临界载荷为 19.6N，M3 的临界载荷为 34.3N，M8 的临界载荷最高为 24.5N，而 M15 的临界载荷为 14.7N。由此表明 M3 工艺制备的 ZrN 梯度膜层有更高的膜基结合强度及内聚强度，同时表面承受剪切破坏载荷的能力也较高。

图 7-8 为 24.5N 载荷下划痕试验后四种复合处理试样表面的划痕形貌。由图可知，M1 和 M15 试样表面均出现了较为明显的脱层现象，其中 M1 试样的划痕较浅，失效形式主要为膜层脆性开裂后而导致的成片脱落；而 M15 试样的划痕较深，开裂脱层更为显著，膜层内部脱层突出，表明其内聚强度较低，加之承载能力有限，故较容易破坏。而 M3 和 M8 试样未出现明显开裂和脱层现象，其中 M3 试样的划痕较浅，仅有轻微的擦涂痕迹；而 M8 试样的稍深，有轻微的犁削痕迹。由此表明 M3 复合改性层具有较高的膜-基结合强度、内聚强度及抗剪切破坏(或切削)能力，强韧性能优于其他三种结构膜层。

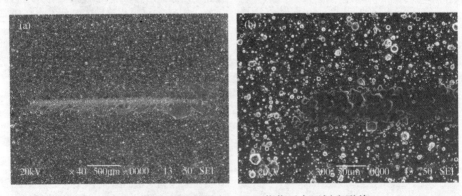

图 7-8　复合处理试样在 24.5N 载荷下表面划痕形貌

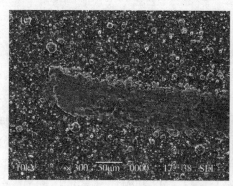 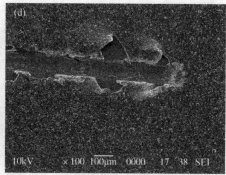

图 7-8　复合处理试样在 24.5N 载荷下表面划痕形貌(续)

7.2.3　常规疲劳性能

通过旋转弯曲疲劳试验评价了"低温氮化+3 台阶 ZrN 梯度结构膜"复合改性层(即 M3)对 2Cr13 不锈钢基体疲劳性能的影响,试验结果见表 7-2 和图 7-9。

表 7-2　弯曲疲劳试验数据

试样状态	循环次数 /Cycle	疲劳极限 σ_{-1}/MPa	改善效果
2Cr13	5×10^6	417.6	—
M3 处理	5×10^6	531.6	提高 27.3%

结果表明,M3 复合改性层使 2Cr13 不锈钢基体疲劳性能显著改善,疲劳极限增大了 27.3%。这主要是由于表层为 3 台阶 ZrN 梯度膜结构,具有较好的强韧性能和形变协调特性,并且 X 射线应力分析表明 M3 改性层存在较高的表面残余压应力(-1899MPa),因此能够有效地增大疲劳裂纹萌生的阻力;另外,更为重要的是低温氮化层对 2Cr13 不锈钢基体疲劳性能改善作用显著(见第 4 章结果)。疲劳断口分析表明(图 7-9),M3 复合处理试样的疲劳源与低温离子氮化试样基本一致,起源于氮化层的次表层,这显然是由于复合改性层表面存在较高的残余压应力而使得疲劳裂纹源转移到表层以下的结果。这进一步证实试样表面的残余压应力对于提高疲劳抗力起了十分重要的作用。

图 7-9　M3 试样疲劳断口宏观形貌

7.2.4 摩擦磨损性能

图 7-10 为经过 1800s 磨损试验后，2Cr13 不锈钢基材和四种复合处理试样的磨损体积损失。结果表明，2Cr13

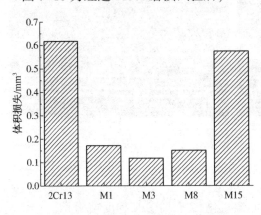

图 7-10 不同表面处理试样的磨损体积损失

不锈钢耐磨性差，磨损最为严重，体积损失约为 0.617mm³。在相同的磨损条件下，四种复合处理试样的磨损体积损失均小于基材，M1、M3、M8 和 M15 试样的体积损失分别为 2Cr13 不锈钢基材体积损失的 27.8%、19.1%、24.5% 和 93.1%，这说明四种复合表面处理均提高了 2Cr13 不锈钢的磨损抗力，其中 M3 复合表面改性层的改善效果最为显著。

图 7-11 为四种复合处理试样磨损表面的 SEM 形貌。可见，M1、M3 和 M8 三种试样表面的磨损形貌基本一致，表面磨损痕迹均轻微，磨痕宽度较基材显著减小，试样表面的大颗粒被挤掉或碾平，留下一些圆形孔洞或被碾平的颗粒，磨损特征主要以擦涂和抛光为主，M1 试样表面有少量的微裂纹产生[图 7-11(a)]。

这主要是由于 M1 试样表层的 ZrN 膜层的硬度最高，韧性较低，疲劳裂纹较容易萌生和扩展。在球-盘磨损条件下，由于球在试样表面反复地滑过，摩擦表面的接触应力会发生循环变化。在这种交变应力的作用下将在应力集中区域诱发疲劳裂纹，这些裂纹扩展并相互聚合，就会造成膜层的脱落，从而形成疲劳磨损特征。另外，这些微裂纹的产生会导致试样表面的粗糙度增加，加速磨损过程。M3 和 M8 试样虽然膜层的表面硬度也较高，但是由于膜层成分呈梯度变化，缓和了膜层内部应力变化的不连续性，使得膜层承载能力强、韧性好、抗疲劳磨损能力高，因此经过 1800s 磨损试验后，膜层未发生明显疲劳开裂纹现象，磨损机制主要以轻微的磨粒磨损为主。由此看到，硬度高、韧性好的梯度膜层的耐磨性能明显优于单层均质膜结构。

图 7-11(d) 为 M15 试样磨损试验后的表面形貌，可以看到，与 M1 和 M3 相比，磨损较为严重，ZrN 梯度膜层出现了较明显的犁沟和脱落，在磨痕边缘处有裂纹出现。这种磨损失效特征与前面对该表面改性层的硬度、划痕及多冲试验结果是一致的，即该类膜层的韧性、承载能力、结合强度等均比 M3 和 M8 改性层要低。

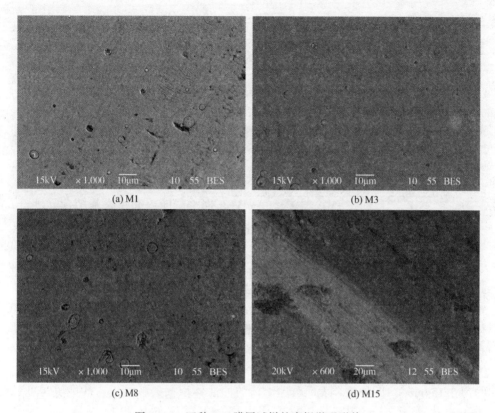

(a) M1   (b) M3

(c) M8   (d) M15

图 7-11 四种 ZrN 膜层试样的磨损微观形貌

7.2.5 固体粒子冲蚀行为

7.2.5.1 成分梯度对 SPE 抗力的影响

图 7-12 为 90°冲蚀攻角下 2Cr13 不锈钢基材和四种表面复合处理试样的固体粒子冲蚀试验结果。可以看到,在 90°大攻角下,M1 和 M15 试样的冲蚀体积损失均高于不锈钢基材,而 M3 和 M8 试样的冲蚀体积损失分别仅为 2Cr13 不锈钢基材的 18.1% 和 22.5%。图 7-13 为 M3 试样在固体粒子 90°攻角下冲蚀的宏观及微观形貌,同样可以看到试样表面冲蚀损伤较轻。由此表明,低温离子氮化后再沉积成分变化台阶较少的 ZrN 梯度膜层可以明显改善 2Cr13 不锈钢表面的抗大攻角 SPE 性能,而低温离子氮化后沉积 ZrN 单层均质膜或成分接近连续变化的 ZrN梯度膜层均不能十分有效地控制大攻角 SPE 损伤。

这主要是由于 ZrN 单层均质膜虽然表面硬度较高,但是其膜-基结合强度、膜层韧性及动态承载能力较差,因此在以多冲疲劳破坏为主要失效机制的 90°大

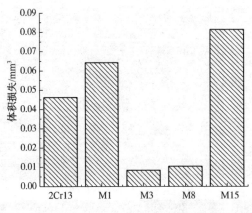

图 7-12　不同试样在 90°攻角下的 SPE 体积损失

攻角 SPE 冲蚀过程中，容易发生脱层破坏。另外，ZrN 单层均质膜与过渡层 Zr 后底层氮化层的硬度、弹性模量之间存在较大的差别，应力协调性差，固体粒子多冲作用下膜层易于开裂或脱落。前面的研究结果表明，与单一的 ZrN 均质膜层、多层膜、梯度膜层试样相比，氮化/ZrN 梯度膜复合处理试样表面承载能力高，膜基结合强度好，尤其是从基材到表面硬度呈现梯度分布，外载荷作用下的界面应力梯度小，应力分布的连续性好，因而表面抗多冲疲劳性能和抗塑性流变性能优，由此导致 M3 和 M8 复合处理试样表现出优异的抗 90°大攻角固体粒子冲蚀性能。而 M15 表面虽然也是氮化+ZrN 梯度膜复合改性层，但是由于因其成分接近连续变化，膜层的内聚强度、韧性及动态承载能力反而较低，因此在固体粒子大攻角动态冲击作用下，膜层却容易开裂和脱落，因而表现出较低的冲蚀磨损抗力。

轮廓仪测试结果表明，在 30°冲蚀攻角下，2Cr13 基材的冲蚀体积损失最大，约为 0.154mm³。四种复合表面改性试样的冲蚀体积损失较接近，冲蚀坑深度和体积损失均远小于 2Cr13 基材，其中以 M3 试样的体积损失最小，约为 0.012mm³。主要原因是由于 30°攻角下的 SPE 冲蚀机制主要以微切削或犁削为主，而四种复合处理均可以显著提高不锈钢基材的表面硬度，因此可以明显改善 2Cr13 基材的 SPE 抗力；另外，底层的氮化层的支撑作用，使得复合处理试样表面的承载能力提高，因此冲蚀抗力高。四种复合改性层中又以 M3 处理的膜-基结合强度、膜层韧性及动态承载(多冲和划痕加载)能力为优，因此，表现出最好的 30°小攻角 SPE 抗力。

上述研究结果和前面章节的研究表明，通过"低温氮化+ 结构合理的 ZrN 梯度膜"复合处理，能够实现有效改善不锈钢全攻角下抗 SPE 性能，并同时兼顾抗疲劳与耐腐蚀性能的目标。

7.2.5.2　梯度膜层厚度对 SPE 抗力的影响

硬质膜层改进抗 SPE 性能的难点在于控制 90°附近大攻角的冲蚀损伤问题。前面的研究结果表明，对于 M1、M3、M8 和 M15 四种复合表面改性处理，以 M3 改善 90°大攻角下的抗 SPE 性能最为有效。那么 ZrN 梯度膜层的厚度对复合改性层的 SPE 抗力有怎样的影响也有必要探讨。为此，在低温离子氮化试样上分别制

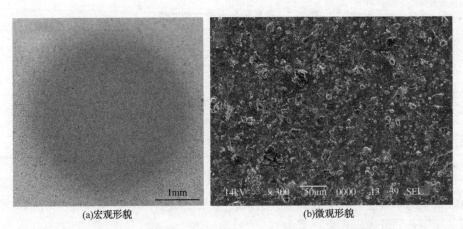

| (a)宏观形貌 | (b)微观形貌 |

图 7-13 M3 试样在固体粒子 90°攻角下冲蚀的宏观及微观形貌

备了四种不同厚度(2μm、4μm、10μm 和 15μm)的 ZrN 梯度膜层, 并且均采用 3 台阶成分梯度结构, 分别用 H2、H4、H10 和 H15 标记, 探讨梯度膜层厚度对在 90°攻角下 SPE 行为的影响。

图 7-14 为 2Cr13 不锈钢基材和四种不同厚度 ZrN 梯度膜层的复合改性层的显微硬度测试值随压入载荷变化的情况。2Cr13 不锈钢基材的硬度为 $278HK_{0.1}$, 基本不随载荷变化。四种复合表面改性均显著提高了基材的表面硬度和承载能力, 其中 H2 和 H4 的表面硬度较低, 分别为 $2467HK_{0.1}$ 和 $2935HK_{0.1}$, 且均随载荷的增加而显著减小, 承载能力相对较低。而 H10 和 H15 的表面硬度较高, 分别为 $3765HK_{0.1}$ 和 $3806HK_{0.1}$,

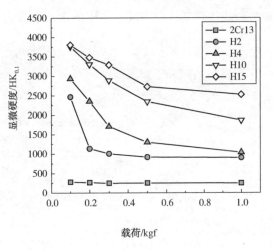

图 7-14 试样表面显微硬度随载荷变化曲线

且随载荷的增加下降较平缓, 说明两种试样有更高的承载能力。即梯度膜层的厚度对试样的承载能力有重要的影响。

表 7-3 为五种离子辅助电弧沉积 ZrN 梯度膜层(3 台阶成分梯度)的表面残余应力测试结果。结果表明, 五种膜层的表面残余应力均为残余压应力, 其中 M3 的残余应力最小, 约为−1.5GPa; H4 的表面残余应力最高, 约为−2.5GPa。另外由测试结果可知, 膜层较薄或较厚时的表面残余压应力均较高。

表 7-3　改性层残余应力测试结果

试样编号	改性层结构	ZrN 梯度膜厚度/μm	表面残余应力/MPa
H2		2	−1753
H4		4	−2495
M3	低温离子氮化+ZrN 梯度膜(3 台阶成分梯度)	8	−1468
H10		10	−1899
H15		15	−2135

　　用小能量多冲法评价了四种不同厚度 ZrN 梯度膜层复合表面改性层在动态冲击载荷下的承载能力和失效行为，结果表明，H2 和 H15 均在 1000 次冲击时就出现了膜层开裂及脱层现象，其中 H2 的脱层轻微，但冲坑较深[图 7-15(a)]；而H15 的冲坑较浅，但出现大面积脱层[图 7-15(b)]；H4 在 3000 次冲击时出现了开裂和脱层现象，冲坑也较深；H10 在 1×10^4 次冲击时才出现明显的脱层现象。由此说明当膜层厚度较薄时，承载能力较差；而当膜层厚度较厚时，脆性较大，疲劳抗力较低，膜/基结合强度低，易于出现脱层现象；当膜层厚度适当时，表现为较高的膜基结合强度、内聚强度及承载能力，同时强韧综合性能也较好。

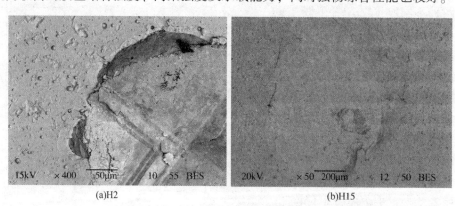

图 7-15　H2 和 H15 试样在 1000 次多冲试样后表面的微观形貌

　　图 7-16 为 90°攻角下，2Cr13 不锈钢和 H2、H4、H10、H15 四种不同复合改性层厚度试样的固体粒子冲蚀体积损失测试结果。可以看到，在 90°大攻角下，H2 的体积损失最大，为 $0.082 mm^3$，H4 的体积损失为 $0.050 mm^3$，两者的 SPE 体积损失均高于 2Cr13 不锈钢基材($0.046 mm^3$)。而 H10 和 H15 试样的体积损失分别为 $0.009 mm^3$ 和 $0.025 mm^3$，即二者均显著提高了 2Cr13 马氏体不锈钢基材的90°攻角下的 SPE 抗力，与前面所研究的 M3 试样结果一致。

　　图 7-17 为 90°攻角下四种复合表面改性层试样的 SPE 宏观形貌。可以看到，

固体粒子垂直冲击后，H2 试样冲蚀痕处的膜层已经完全脱落；H4 试样冲蚀痕中心的膜层呈不规则状脱落，但边缘处膜层冲蚀损伤较轻；H10 试样表面膜层损伤最轻；H15 试样表面整体损伤虽然较轻，但是表面存在局部脱层现象。

由于 90° 大攻角下 SPE 的失效机制主要表现为多冲型疲劳破坏，为此要求材料表面应具有较高的冲击疲劳抗力和承载能力。四种不同厚度的复合表面改性层表层均为 3 台阶结构的

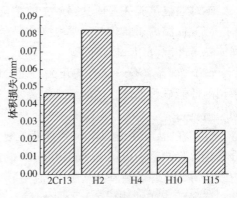

图 7-16   不同试样在 90° 攻角下的
SPE 体积损失

ZrN 梯度膜，在外界载荷作用时，膜基之间有较好的应力应变协调性。然而 H2 和 H4 试样的膜层较薄，使得承载能力较低，硬度梯度较大，在固体粒子大攻角冲击载荷作用下，容易产生脱层失效。H10 与 M3 试样的膜层厚度相近且适中，并具有较好的强韧性，从而表现出较高的抗大攻角固体粒子冲蚀抗力。H15 试样虽然承载能力较强，存在一定的表面残余压应力，且具有一定的协调变形能力，但是由于其韧性较低、疲劳抗力低，在动态冲击载荷下表面裂纹容易萌生和扩展，因而容易出现局部脱层破坏现象。另外，虽然膜层中存在一定的残余压应力，可以阻止裂纹的萌生和早期扩展，有利于提高改性层的 SPE 抗力。然而，并不是膜层中残余压应力愈高，其抗 SPE 性能愈好（表 7-3），当膜层较薄或韧性较低时，膜层中过高的残余压应力的存在可能反而促进膜层在冲击载荷作用下的雪崩式破坏，由此导致其 SPE 抗力反而下降。由此可见，影响改性层 SPE 抗力的因素是多方面的，同时有些因素（如膜层厚度、残余应力等）的影响也不是单调变化的，并且各因素之间还存在交互影响作用。

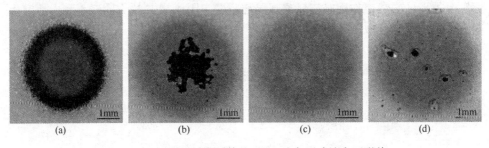

图 7-17   不同试样在固体粒子 90° 攻角下冲蚀表面形貌

本章通过试验研究所获得的主要结论有：

（1）低温离子氮化与后喷丸强化复合处理不能同时解决大、小两种攻角下的固体粒子冲蚀（SPE）损伤问题。

（2）"离子氮化 + ZrN 梯度膜"复合改性层使 2Cr13 不锈钢表面的硬度和抗微切削性能显著提高，因而有效提高了 2Cr13 不锈钢抗 30°小攻角 SPE 抗力和滑动磨损抗力。

（3）在"离子氮化 + ZrN 梯度膜"复合表面处理过程中，当以适当的少数成分变化台阶调整由内层 Zr 向外层 ZrN 的过渡时，能够获得承载能力高、界面应力应变协调性好、膜基结合强度高、强韧性配合合理，膜层结晶细致，抗多冲疲劳和抗塑性流变性能优的复合改性层，显著提高了 2Cr13 不锈钢基材 90°大攻角 SPE 抗力，即这种复合处理可同时提高 2Cr13 不锈钢大、小两种攻角下 SPE 抗力。

（4）"低温离子氮化 + ZrN 单层均质膜"复合改性层韧性低、沿层深应力应变协调性差、抗疲劳性能低，在动态冲击承载作用时容易发生脱层破坏，故不能有效改善 2Cr13 不锈钢 90°大攻角下的 SPE 抗力。"低温离子氮化 + 成分变化连续性高的 ZrN 梯度膜"复合改性层内聚强度、韧性及动态承载能力较低，疲劳裂纹扩展阻力较小，同样不能有效改善 2Cr13 不锈钢 90°大攻角下的 SPE 抗力。

（5）"低温离子氮化 + 适当台阶式成分变化的 ZrN 梯度膜"复合表面改性层使 2Cr13 不锈钢基材的旋转弯曲疲劳极限显著提高，此归于 ZrN 梯度膜良好的强韧性能、形变协调特性、存在适当的残余压应力，特别是低温氮化层内部合理的残余压应力分布对 2Cr13 不锈钢基体疲劳性能具有改善作用。

（6）"低温离子氮化 + 适当台阶式成分变化的 ZrN 梯度膜"复合改性层对提高全攻角下 2Cr13 不锈钢 SPE 抗力的效果与 ZrN 梯度膜的厚度有关，当 ZrN 梯度膜层较薄时，其协调变形能力及承载能力较低，冲击载荷作用时容易出现脱层失效，因而 SPE 抗力低；当 ZrN 梯度膜层太厚时，膜层韧性降低，内部残余应力较大，受外界冲击载荷作用时容易出现局部脱层，因此 SPE 抗力同样不高。研究表明 ZrN 梯度膜厚度以 $10\mu m$ 左右为宜。

第8章

固体粒子冲蚀行为的有限元分析

8.1 固体粒子冲蚀模型的建立

8.1.1 问题提出

人们已对固体粒子冲蚀的理论模型进行了多方面的研究。20 世纪 50 年代，由 Finnie 提出了第一个较为完整的定量表达冲蚀率与攻角关系的数学表达式—微切削理论模型。随后，由于人们对冲蚀行为研究的不断深入，又陆续提出了一些其他理论模型，如疲劳磨损理论、薄片剥落理论、二次冲蚀理论、绝热剪切变形局部化理论和脆性断裂理论等。这些理论可以在一定的限定条件下对固体粒子冲蚀现象给出较合理的解释，但是由于在建立模型的过程中为了回避固体粒子冲蚀过程中难以考虑的复杂因素，作了不少假设和简化，由此使得所建立的模型适用范围较窄，存在一定的局限性。另外，这些早期的理论模型大都是针对金属或陶瓷整体材料提出的，未考虑表面处理的影响。随着技术的不断进步，包括物理气相沉积(PVD)、化学气相沉积(CVD)、离子氮化和等离子喷涂等表面处理技术相继用于控制材料的 SPE 损伤，因此，探讨描述表面改性层对材料固体粒子冲蚀行为影响的理论模型，对于深入分析和指导抗冲蚀表面改性层的设计有重要意义。

传统研究固体粒子冲蚀行为的方法主要为试错法，它会花费大量的人力和物力，试验周期也较长。随着计算机软、硬件技术的迅猛发展，有限元软件的日趋成熟，模拟与仿真技术已经广泛应用于各类工程和技术研究领域。有限元软件是数学、力学及计算机技术的有机融合，利用有限元软件对固体粒子冲蚀行为进行计算机模拟和分析，不但可以大大提高效率和降低成本，而且可以对众多影响因素进行分离研究，找出主导因素，并提出有效的控制方法。P. J. Woytowitz 等人利用 Dyna 3D 软件模拟了弹性球粒子冲蚀塑性材料的三维失效形式，但是未涉及表面改性的影响。Y. Gachon 和 M. Bielawski 利用 ABAQUS 有限元软件对表面改性试样进行了有限元分析，模拟了膜层表面冲蚀过程的应力应变响应，但是仅局限于二维有限元分析。本书以 PVD-ZrN 陶瓷膜层为研究对象，利用 ANSYS 10.0 有限元软件和 LS-DYNA 8.1 动力分析软件建立三维固体粒子冲蚀模型，研究膜层厚度、弹性模量、膜层结构(单层、多层和梯度层)、基材承载能力等因素对金属材料固体粒子冲蚀抗力的影响，并对其冲蚀机理进行探讨，旨在为抗冲蚀膜层结构优化设计和制备提供参考。

目前普遍为人们所接受的材料固体粒子冲蚀机制为：小攻角(或小冲击角度)下以微切削或犁削为主，大攻角(接近垂直冲击)下则以多冲型疲劳破坏为主，由此导致典型塑性材料(如纯金属和合金)的最大冲蚀破坏出现在15°~30°攻角范围，而典型脆性材料(陶瓷和玻璃)的最大冲蚀破坏则出现在90°攻角左右，即大、小攻角下抗固体粒子冲蚀所需要的材料表面性能是不一致的，从而使得难以同时有效地控制金属材料全攻角(包括大、小攻角)下的冲蚀破坏。陶瓷膜层硬度高，抗微切削或犁削能力强，但是抗疲劳性能差，因此它们能有效地改善小攻角下金属基材的抗固体粒子冲蚀性能，但却常常使其大攻角下的固体粒子冲蚀抗力显著降低。研究表明，当动态冲击载荷作用时，膜/基界面处会产生压应力，而在外表面上则产生张应力，从而导致外表面处的膜层很容易发生开裂和脱落。由此可知，攻克陶瓷膜层在90°大攻角下的固体粒子冲蚀抗力问题是解决全攻角固体粒子冲蚀防护问题的关键。为此，本书重点开展 ZrN 陶瓷膜层在90°大攻角下的固体粒子冲蚀行为的有限元理论分析，研究导致膜层表面失效的应力状态影响因素的作用规律。有限元理论模型建立中假设当膜层表面张应力的峰值达到或超过膜层的抗拉强度时膜层产生开裂型破坏。

8.1.2　固体粒子冲蚀有限元建模条件

冲蚀过程非常复杂，要建立和实际完全一致的模型十分困难。因此，本书根据脆性材料的失效机理，进行了一些假设，将固体粒子冲蚀过程进行简化，建立了单个刚性粒子冲击弹塑性材料的有限元模型，模型建立中有如下假设：

(1) 假设固体粒子成分为 Al_2O_3，形状为球形，半径$50\mu m$，纯刚性材料，无弹性变形，因此其弹性模量应远大于膜层及基体的弹性模量，本模型中将其认定为5000GPa；

(2) 假设冲蚀过程中刚性粒子动能全部转化为靶材的弹性变形能，无其他形式能量损失；

(3) 假设固体粒子在90°攻角下冲击试样表面，冲蚀过程无摩擦现象。

本书采用 ANSYS 10.0 有限元软件进行接触方式建模，后处理采用 LS-DYNA 8.1 软件进行动力分析。在模型中共使用了两种结构单元，刚性球和基体材料采用三维实体单元(SOLID164)，而膜层和连接层采用薄壳单元(SHELL163)。在边界处和基材的底面施加固定约束式边界条件。

根据固体粒子冲蚀实验，粒子均未穿透基材，且为动态冲击过程，因此对于刚性球与膜层之间的接触应选用点面动态冲击接触算法类型(NTS)，即 *

CONTACT_ ERODING_ NODES_ TO_ SURFACE 接触算法。

本模型中不考虑膜层内部及膜基之间的失效问题，仅对冲蚀过程中试样表面的应力状态进行分析，通过表面张应力的峰值判断膜层表面裂纹的产生情况；另外由于采用物理气相沉积（PVD）技术制备膜层，膜基之间为范德华力接触，无化学反应。因此本模型中膜层之间以及膜层与基材之间均采用"点面粘接（TIED）"算法，即 * CONTACT_ TIED_ NODES_ TO_ SURFACE 的基础算法。

另外，为了反映本书的冲蚀实验实际情况，在模型中共使用了四种材料模型，分别用于定义基材、膜层、连接层和固体粒子的属性。为了探讨 ZrN 梯度膜层的固体粒子冲蚀行为，模型中对 ZrN 膜层的弹性模量在实际数值（510GPa）附近给出了一定的变化范围。各材料模型按如下处理：

（1）基体材料 2Cr13 马氏体不锈钢：使用双线形各向同性材料（Bilinear Isotropic）。

（2）ZrN 陶瓷膜层：使用线弹性材料（Isotropic）模型；膜层厚度取值范围 $2 \sim 20\mu m$，弹性模量取值范围 $300 \sim 800$GPa，泊松比为 0.25。

（3）基材与 ZrN 膜层之间的连接层：纯 Zr 膜层，厚度取值范围 $0 \sim 3\mu m$，使用另外一种双线形各向同性材料（Bilinear Isotropic）。

（4）固体冲蚀粒子为天然刚玉（Al_2O_3）：使用刚性材料（Rigid Material）模型。

各种材料模型的具体参数见表 8-1。

表 8-1　材料的基本属性

材料	密度 ρ/ (kg/m^3)	弹性模量 E/ GPa	波松比 ν	屈服强度 σ_s/ MPa	切线模量 E_t/ MPa
Al_2O_3 刚性球	3970	5000	0.3	—	—
ZrN 陶瓷膜层	6630	$300 \sim 800$	0.25	—	—
Zr 连接层	6400	100	0.27	1000	5000
2Cr13 基材	7810	196	0.27	670	2600

8.1.3　有限元模型的论证和优化

本书首先对建立的基础有限元模型进行理论验证和分析，论证模型的合理性及判断模型的误差范围，然后再通过对网格划分、模型设计和边界条件等影响因素的考查，进一步优化模型，为下一步复杂的有限元模型分析奠定基础。

建立的基础模型为：一个刚性球以90°攻角冲击基材试样（假设基材为线弹性材料）。为了充分验证模型的合理性，刚性球的冲击速度分别为70m/s、84m/s和100m/s。

8.1.3.1 经典理论的数值分析

由于冲击动力学问题十分复杂，很难求出实际的冲击应力。因此，W. C. Yong等人提出了一个经典的假设来求解这类问题，即假设冲击按静载荷方式使弹性靶体产生变形，然后再近似地得出所求的实际应力和应变。

根据经典赫兹接触理论，当刚性球静态压入时，作用在刚性球上的力为：

$$F = K_0 E D^{1/2} b^{3/2} \tag{8-1}$$

式中，F为接触力；K_0为一个系数，等于1.036；E为靶材的弹性模量；D为刚性球的直径；b为冲坑的深度。

根据应变能原理，当一个弹性系统承受静态载荷时，载荷所作的外功从零增加到最大值，等于该系统所获得的应变能，即：

$$E_p = \frac{1}{2} F b \tag{8-2}$$

于是由公式(8-1)和公式(8-2)可以推导出：

$$E_p = \frac{1}{2} K_0 E D^{1/2} b^{5/2} \tag{8-3}$$

根据动能定理，刚性球的初始冲击动能为：

$$E_K = \frac{1}{2} m V_0^2 \tag{8-4}$$

式中，m为刚性球的质量，V_0为在开始冲击时的初始速度。

由于冲击过程中无其他能量损失，刚性球的动能全部转化为靶材的变形能。因此，根据能量守恒定律$E_K = E_p$，由公式(8-3)和公式(8-4)可推导出：

$$b_{max} = \sqrt[5]{\frac{m^2 V_0^4}{K_0^2 E^2 D}} \tag{8-5}$$

由公式(8-5)可知，应变能和冲坑深度为非线性关系。为了计算冲击过程中达到最大冲坑深度的时间，必须要建立一个载荷与冲坑深度之间的线性等式。因此，应首先利用等效线性化方法对弹性变形能进行线性化表达，即：

$$E_p^* = \frac{1}{2} k_{eq} b^2 \tag{8-6}$$

式中，k_{eq}为线劲度。然后假设在$0 \sim b_{max}$的范围内，非线性和线性化等式中的变形能是相等的，即$E_p = E_p^*$，由公式(8-3)和公式(8-6)联立可得：

$$k_{eq} = K_0 E D^{1/2} b_{max}^{1/2} \tag{8-7}$$

然后对整个冲蚀系统来说，根据动量守恒定律 $\int_0^{b_{max}} \partial F \partial t = mV_0 - mV_1$，可以计算出当冲蚀深度达到最大时，所需要的时间 t_{imp}。式中 V_1 为刚性球在冲蚀深度最大时的速度，显然此时 $V_1 = 0$。根据公式(8-4)和公式(8-7)，代入动量守恒定律可以得到：

$$t_{imp} = \frac{\pi}{2} \sqrt{\frac{m}{k_{eq}}} \tag{8-8}$$

由公式(8-5)和公式(8-8)，即可求出最大冲蚀坑深度和达到此深度时所用的时间。

8.1.3.2 有限元模型的建立、论证与优化

根据经典赫兹接触理论，当半径为 $50\mu m$ 的刚性球以 $84m/s$ 的速率冲击到材料表面时，所造成的最大冲蚀直径约为 $20\mu m$，最大冲坑深度约为 $1.1\mu m$，因此，为了避免基材边界产生的影响，同时又节省计算时间，本书给出了三种不同的基础有限元模型(图8-1)，以期找出网格划分均匀、分析结果准确和计算速度快的最佳模型。其中模型1的基材为圆柱体，直径 $100\mu m$，高 $25\mu m$；模型2的基材为立方体，尺寸为 $100\mu m \times 100\mu m \times 25\mu m$；模型3的基材为立方体，尺寸为 $200\mu m \times 200\mu m \times 25\mu m$。

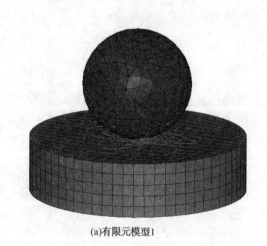

(a)有限元模型1

图8-1　刚性球冲击线弹性基材的有限元模型

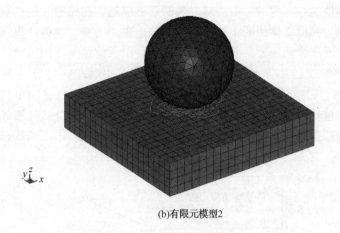

(b)有限元模型2

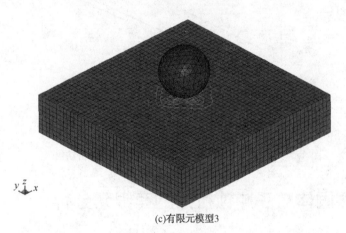

(c)有限元模型3

图 8-1　刚性球冲击线弹性基材的有限元模型(续)

图 8-2 比较了依据三种有限元模型与 Hertz 弹性接触理论得到的在不同冲击速度下冲痕最大深度的结果。由图可知，所建立的三种有限元模型的分析结果与解析法的结果基本一致，误差均在可接受范围。其中，模型 1 的误差较大，为6.39%；模型 3 的分析结果与理论计算结果最为接近，误差仅为 1.73%；模型 2 的误差为 2.59%。另外，对它们在速度为 84m/s 时达到最大冲痕的时间也进行了比较，Hertz 理论解析解为 22.5ns，模型 1、模型 2 和模型 3 的分析结果分别为23.98ns、21.53ns、21.89ns，误差分别为 6.58%、4.31%、2.71%，由此可见，模型 3 的误差最小，模型 2 次之，而模型 1 的误差稍大。分析原因主要是由于在模型 1 中基材的结构为圆柱体，用六面体划分网格时边缘网格的形状很不规整。另外，从三种模型基材表面的应力等值线也可以看出(图 8-1)，模型 1 的等值线

很不规则，而其他两种模型的等值线基本为圆形。模型 2 和模型 3 的区别在于模型 3 的基材体积为模型 2 体积的 4 倍，网格划分也更加细密，这就使得该模型减小了因边界效应而产生的误差，分析结果也更加精确。但是，面积扩大化和网格细密划分后，模型 3 的单元数量要比前两种模型多出数倍，计算时间要多出 8~10 倍，这显然会影响到利用模型 3 计算更复杂冲蚀有限元模型的可行性。因此，综上比较，虽然模型 3 的分析结果较前两者更加精确，但是从计算效率、网格划分和误差等综合因素来选择，确定按有限元模型 2 来分析不同结构膜层的固体粒子冲蚀问题。

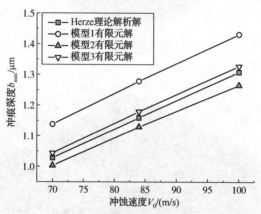

图 8-2　Hertz 理论解析解与三种有限元模型分析结果

8.2　膜层固体粒子冲蚀行为的有限元分析

由于单层膜体系较为简单，影响因素较少，因此首先对其进行有限元分析。通过单层膜固体粒子冲蚀模型的有限元分析，探讨膜层厚度、基材承载能力、膜层弹性模量以及连接层厚度对固体粒子冲蚀抗力的影响，为下一步进行多层膜、梯度膜等更复杂膜系的有限元分析奠定基础。

8.2.1　膜层厚度的影响

图 8-3 为不同厚度 ZrN 膜层在速度为 84m/s 的刚性球冲蚀过程中表面的最大张应力。模型中膜层的弹性模量 $E = 500\text{GPa}$，膜层厚度为 2~20μm。由图可知，膜层表面的最大张应力随着膜层厚度的增加而显著减小。另外，当膜层厚度超过 10μm 时，表面的最大张应力 $S11$（表面 x 方向的最大张应力）的变化趋于平缓，且维持在一个较低的应力水平。这个表面最大张应力随膜层厚度的变

化规律与 A. Leyland 和 A. Matthews 在 Ti/TiN 膜层的冲蚀试验中所得到的结果是一致的。另外，该规律也被 M. Bielawski 等人利用 ABAQUS 软件进行二维有限元分析所证实。

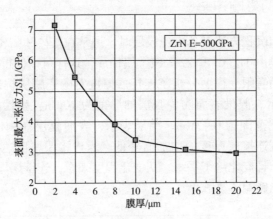

图 8-3　不同厚度 ZrN 膜层冲蚀过程中表面的最大张应力

8.2.2　膜层弹性模量的影响

图 8-4 为两种不同厚度的 ZrN 膜层，冲蚀过程中其表面最大张应力随弹性模量的变化规律。模型中表面膜层弹性模量的变化范围 $E = 200 \sim 800\mathrm{GPa}$，膜层厚度分别为 $4\mu\mathrm{m}$ 和 $10\mu\mathrm{m}$，刚性球的冲蚀速度为 $84\mathrm{m/s}$。由图可知，对于两种不同厚度的 ZrN 膜层，冲蚀过程中其表面的最大张应力均随着弹性模量的增加而增加，并且膜层越薄增加的速度越快。由此可知，对于单层膜结构，选取弹性模量

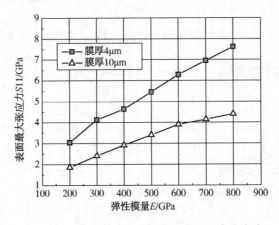

图 8-4　不同膜层冲蚀过程中的表面最大张应力

较小(韧性较高)、膜层厚度较大的膜层可以显著降低大攻角下冲蚀表面的最大张应力，提高膜层的固体粒子冲蚀抗力。

8.2.3　连接层的影响

运用物理气相沉积方法制备陶瓷膜层时，通常在基体和陶瓷膜层之间沉积了一层连接层，一般由 Ti、Cr 和 Zr 等纯金属构成，这样可以使得膜/基结合强度显著提高。本书利用有限元模型分析了连接层厚度对陶瓷膜层抗冲蚀性能的影响，结果如图 8-5 所示。假设表面陶瓷膜层的厚度为 $10\mu m$，弹性模量 $E = 600GPa$，连接层厚度的变化范围为 $0 \sim 3\mu m$。结果表明，表面膜层在刚性球冲蚀过程中，其最大张应力随着连接层厚度的增加而降低。当连接层厚度达到 $2\mu m$ 时，表面最大张应力最小，且变化趋于平缓。从变化程度来看，连接层厚度的变化对表面膜层的抗冲蚀性能影响不显著。

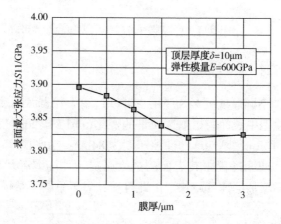

图 8-5　不同连接层厚度的改性层冲蚀后表面最大张应力

8.2.4　基体材料的影响

表 8-2 为不同基材在刚性球的冲蚀过程中，表面膜层的最大张应力情况。假设连接层的厚度均为 $2\mu m$，弹性模量 $E = 100GPa$，表面膜层均为单层膜结构。在 J1、J2 和 J3 三种基材冲蚀过程中，表面膜层的最大张应力对比分析可知，基材的屈服强度和切线模量对膜层表面的最大张应力影响较大，膜层表面的冲蚀抗力随着基材屈服强度和切线模量的增加而显著提高。这与本书中复合表面改性处理技术(以氮化层为底层)可显著提高基材的大攻角 SPE 抗力的规律一致。由 J1 和 J4 两种试样的冲蚀过程中膜层表面的最大张应力分析可知，基材弹性模量的变化

对膜层冲蚀抗力的影响较小。上述规律与本书第 7 章复合处理(氮化+ZrN 梯度层)显著提高改性层 SPE 抗力的试验结果相一致，也与王小锋等人关于小能量多冲试验评价膜层力学行为的研究结果相吻合。

表 8-2 基材的材料参数对冲蚀过程中膜层表面的最大张应力的影响

膜层结构 和试样编号		基材的材料参数	表面最大张应力 $S11$/GPa	$S11/S11_{J1}$
单层膜 $L1 = 10\mu m$, $E1 = 600GPa$	J1	$E = 196GPa$, $\sigma_s = 670MPa$, $E_t = 2600\ MPa$,	3.86	1
	J2	$E = 196GPa$, $\sigma_s = 320MPa$, $E_t = 800MPa$,	4.36	1.13
	J3	$E = 196GPa$, $\sigma_s = 900MPa$, $E_t = 6000MPa$,	3.60	0.93
	J4	$E = 500GPa$, $\sigma_s = 670MPa$, $E_t = 2600MPa$,	3.93	1.02

8.2.5 多层膜、梯度膜的影响

表 8-3 为有限元分析得到的不同结构膜层试样冲蚀过程中的最大表面张应力。共设计了包括单层膜(参照膜层)在内的 10 种膜层结构，用于分析膜层结构对冲蚀性能的影响。假设连接层的厚度均为 $2\mu m$，弹性模量 $E = 100GPa$，膜层总厚度均为 $12\mu m$。

C2~C6 五种试样均为两层膜结构。由 C2、C3 和 C4 膜层的对比分析可知，在两层膜厚度一致，均为 $5\mu m$ 的情况下，外表面采用较小弹性模量的膜层，而内表面采用较大弹性模量的膜层结构可以显著降低试样冲蚀过程中表面的最大张应力，提高膜层的抗固体粒子冲蚀抗力。由 C4、C5 和 C6 膜层的对比分析可知，外表面采用较厚膜层，而内表面采用较薄膜层的梯度膜层结构可以有效减小试样表面的最大张应力。由此推知，外表面采用厚的较小弹性模量(韧性较高)的膜层，内表面采用薄的较大弹性模量的膜层可以显著提高试样的抗固体粒子冲蚀性能。该规律与 M. Bielawski 等人利用 ABAQUS 软件进行二维有限元分析所得规律相一致。

由 C1、C7、C9 膜层的对比，以及 C8、C10 膜层的对比分析可知，在膜层总厚度相同的条件下，多层膜结构(又称为 Zr/ZrN/Zr 三明治多层膜)较梯度膜结构的抗固体粒子冲蚀性能差，并且随着膜层层数的增加，试样表面的最大张应力也

随之增加。由表 8-3 可知，九层多层膜结构试样表面的最大张应力 $S11$ 最大，为单层膜试样的 2.7 倍，膜层很容易在刚性球的冲蚀条件下开裂失效。这与本书第 6 章试样结果是一致的。

表 8-3　不同膜层结构对冲击过程中 ZrN 膜层的表面最大张应力的影响

膜层类型和试样编号		膜层结构	表面张应力 $S11$/GPa	$S11/S11_{M1}$
单层膜	C1	$L1 = 10\mu m$，$E1 = 600GPa$， 粘结层 = $L2 = 2\mu m$，$E2 = 100GPa$	3. 80	1
梯度膜	两台阶 C2	$L1 = 5\mu m$，$E1 = 600GPa$， $L2 = 5\mu m$，$E2 = 200GPa$， 粘结层 = $L3 = 2\mu m$，$E3 = 100GPa$	5. 42	1. 43
	C3	$L1 = 5\mu m$，$E1 = 600GPa$， $L2 = 5\mu m$，$E2 = 400GPa$， 粘结层 = $L3 = 2\mu m$，$E3 = 100GPa$	4. 94	1. 30
	C4	$L1 = 5\mu m$，$E1 = 400GPa$， $L2 = 5\mu m$，$E2 = 600GPa$， 粘结层 = $L3 = 2\mu m$，$E3 = 100GPa$	3. 32	0. 87
	C5	$L1 = 3\mu m$，$E1 = 400GPa$， $L2 = 7\mu m$，$E2 = 600GPa$， 粘结层 = $L3 = 2\mu m$，$E3 = 100GPa$	3. 68	0. 97
	C6	$L1 = 7\mu m$，$E1 = 400GPa$， $L2 = 3\mu m$，$E2 = 600GPa$， 粘结层 = $L3 = 2\mu m$，$E3 = 100GPa$	3. 16	0. 83
	五台阶 C7	$L1 = L2 = L3 = L4 = L5 = 2\mu m$ $E1 = 600GPa$，$E2 = 500GPa$，$E3 = 400GPa$， $E4 = 300GPa$，$E5 = 200GPa$， 粘结层 = $L6 = 2\mu m$，$E6 = 100GPa$	6. 59	1. 73
	九台阶 C8	$L1 = L2 = L3 = L4 = L5 = L6 = L7 = L8 = L9 = 1\mu m$ $E1 = 600GPa$，$E2 = 550GPa$，$E3 = 500GPa$， $E4 = 450GPa$，$E5 = 400GPa$，$E6 = 350GPa$， $E7 = 300GPa$，$E8 = 250GPa$，$E9 = 200GPa$， 粘结层 = $L10 = 2\mu m$，$E10 = 100GPa$	8. 84	2. 32

膜层类型和试样编号		膜层结构	表面张应力 $S11$/GPa	$S11/S11_{M1}$
多层膜	五层 C9	$L1=L2=L3=L4=L5=2\mu m$ $E1=E3=E5=600GPa(ZrN 膜层)，$ $E2=E4=100GPa(纯 Zr 膜层)，$ 粘结层$=L6=2\mu m，E6=100GPa$	8.23	1.90
	九层 C10	$L1=L2=L3=L4=L5=L6=L7=L8=L9=1\mu m$ $E1=E3=E5=E7=E9=600GPa(ZrN 膜层)，$ $E2=E4=E6=E8=100GPa(纯 Zr 膜层)，$ 粘结层$=L10=2\mu m，E10=100GPa$	10.27	2.70

本章通过试验研究所获得的主要结论有：

建立了用于分析不同结构的 ZrN 膜层在 90°大攻角下固体粒子冲蚀(SPE)行为的三维有限元模型，从该模型出发推出如下规律：

（1）对 ZrN 均质单层膜而言，表面冲蚀过程中产生的最大张应力随着膜层厚度的增加而显著减小。当膜层厚度超过 10μm 时，膜层表面最大张应力的变化趋于平缓。

（2）对 ZrN 均质单层膜而言，表面冲蚀过程中的最大张应力均随着膜层弹性模量的增加而增加，并且膜层越薄增加越快。

（3）基材的屈服强度和切线模量对改性层冲蚀过程中表面的最大张应力影响较大，膜层表面的冲蚀抗力随着基材屈服强度和切线模量的增加而显著提高。基材弹性模量的变化对改性层冲蚀抗力的影响较小。

（4）对于 ZrN 多层膜和梯度膜而言，在膜层总厚度保持相同的条件下，多层膜较梯度膜的 SPE 抗力低，且随多层膜层数的增加或梯度膜成分变化台阶数的增多，表面冲蚀过程中的最大张应力也随之增加，SPE 破坏倾向增大。

（5）有限元理论模型所预测的结果与本书前面章节中所得的试验研究结果取得了较好的一致性。

参考文献

［1］ C. Allen, A. Ball. A review of the performance of engineering materials under prevalent tribological and wear situations in South African industries［J］. Tribology International, 1996, 29, (2): 105-116.

［2］ 李诗卓, 董祥林. 材料的冲蚀磨损与微动磨损［M］. 北京: 机械工业出版社, 1987: 1-240.

［3］ 刘家浚. 材料磨损原理及其耐磨性［M］. 北京: 清华大学出版社, 1993: 1-243.

［4］ Jeanine T, DeMasi-Marcin, Dinesh K. Gupta. Protective coatings in the gas turbine engine［J］. Surface and Coatings Technology, 1994, 68-69: 1-9.

［5］ A. Toro, A. Sinatora, D. K. Tanaka, et al. Corrosion-erosion of nitrogen bearing martensitic stainless steels in seawater-quartz slurry［J］. Wear, 2001, (251): 1257-1264.

［6］ 陶春虎, 钟培道, 王仁智, 等. 航空发动机转动部件的失效与预防［M］. 北京: 国防出版社, 2001. 2: 35-101.

［7］ Maria-Dolores Bermudez, Francisco J Carrion, Gines Martinez-Nicolas, et al. Erosion corrosion of stainless steels, titanium, tantalum and zirconium［J］. Wear, 2005, (258): 693-700.

［8］ 吴晓梅. 钛合金叶片防护涂层研究［J］. 装备环境工程, 2006(3): 116-118.

［9］ 范华, 杨功显. 大型汽轮机末级叶片钢中夹杂物及其组织对疲劳强度和应力腐蚀性能的影响［J］. 中国动力工程学报, 2005, 25(1): 111-117.

［10］ 邓小禾, 赵永红. 航空发动机压气机叶片疲劳寿命的研究［J］. 新疆工学院学报, 2000, 9(3): 221-225.

［11］ 孙强, 张忠平. 航空发动机压气机叶片振动频率与温度的关系［J］. 应用力学学报, 2004, 12(21): 137-141.

［12］ FanAiming, LongJinming and TaoZiyun. An investigation of the corrosive wear of stainless steels in aqueous slurries［J］. Wear, 1996, 193(1): 73-77.

［13］ 霍武军. 海航发动机压气机叶片腐蚀与防护措施［J］. 航空工程与维修, 2002(6): 39-41.

［14］ A. Guenbour, J. Faucheu, A. Ben Bachir, et al. Electrochemical study of corrosion abrasion of stainless steels in phosphoric acids［J］. Br. Corrosion J, 1988, 23 (4): 234-238.

［15］ Brent W. Madsen. Measurement of corrosion-erosion synergism with slurry wears test apparatus ［J］. Wear, 1988, 123 (2): 127-142.

［16］ C. T. Kwok, F. T. Cheng, H. C. Man. Cavitation erosion and corrosion behaviors of laser-aluminized mild steel [J]. Surface and Coatings Technology, 2006, 200(11): 3544-3552.

[17] 姜小敏，凌志光，高桦. 含尘流透平叶片涂层的气动冲蚀行为[J]. 燃气轮机技术，2002 (2)：35-38.

[18] 朱宝田. 固体颗粒对汽轮机通流部分的冲蚀与防治对策[J]. 中国电力，2003，5：27-30.

[19] H. W. Wang, M. M. Stack. Corrosion of PVD TiN coatings under simultaneous erosion in sodium carbonate- bicarbonate buffered slurries [J]. Surface and Coatings Technology, 1998 (105): 141-146.

[20] S. PalDey, S. C. Deevi. Single layer and multilayer wear resistant coatings of (Ti, Al) N: a review [J]. Materials Science and Engineering A, 2003 (342): 58-79.

[21] Hyukjae Lee, Shankar Mall. Stress relaxation behavior of shot-peened Ti-6Al-4V under fretting [J]. Materials Science and Engineering A, 2004 (366): 412-420.

[22] 周孝重，陈大凯. 等离子体热处理技术[M]. 北京：机械工业出版社，1990：1-405.

[23] 潘应君，周磊，王蕾. 等离子体在材料中的应用[M]. 武汉：湖北科学技术出版社，2003：1-163.

[24] P. P. Rogers, I. M. Hutchings, J. A. Little. TiN coatings for protection against combined wear and oxidation [J]. Surface Engineering, 1992 (8): 48-54.

[25] Chenglong LiuT, Guoqiang Lin, Dazhi Yang, et al. In vitro corrosion behavior of multi-layered Ti-TiN coating on biomedical AISI316L stainless steel [J]. Surface & Coatings Technology, 2005, (192): 1-7.

[26] K. C. Chen, J. L. He, W. H. Huang, et al. Study on the solid-liquid erosion resistance of ion-nitrided metal[J]. Wear, 2002 (252): 580-585.

[27] Chung-Woo Cho, Byungyou Hong, Young-Ze Lee. Wear life evaluation of diamond-like carbon films deposited by microwave plasma-enhanced CVD and RF plasma-enhanced CVD method [J]. Wear, 2005(259): 789-794.

[28] 方博武. 受控喷丸与残余应力理论[M]. 济南：山东科学技术出版社，1991，3：1-244.

[29] Tiansheng Wang, Jinku Yu, Bingfeng Dong. Surface nanocrystallization induced by shot peening and its effect on corrosion resistance of 1Cr18Ni9Ti stainless steel [J]. Surface & Coatings Technology, 2006(200): 4777-4781.

[30] S. Danaher, S. Datta, I. Waddle, et al. Erosion modelling using Bayesian regulated artificial neural networks [J]. Wear, 2004, (256): 879-888.

[31] Noriyuki Hayashi, Yoshimi Kagimoto, Akira Notomi, et al. Development of new testing method by centrifugal erosion tester at elevated temperature [J]. Wear, 2005, (258): 443-457.

[32] Yuji Ohue, Koji Matsumoto. Sliding-rolling contact fatigue and wear of maraging steel roller with ion- nitriding and fine particle shot-peening [J]. Wear, 2007, (263): 782-789.

[33] M. M. Stack, N. Pungwiwat. Erosion-corrosion mapping of Fe in aqueous slurries: some views on a new rationale for defining the erosion-corrosion interaction [J]. Wear, 2004, (256):

565-576.

[34] Iain Finnie. Some reflections on the past and future of erosion [J]. Wear, 1995, (186-187): 1-10.

[35] Akihiro Yabuki, Masanobu Matsumura. Theoretical equation of the critical impact velocity in solid particles impact erosion [J]. Wear, 1999, (233-235): 476-483.

[36] M. M. Stack, H. W. Wang. Simplifying the erosion-corrosion mechanism map for erosion of thin coatings in aqueous slurries [J]. Wear, 1999, (233-235): 542-551.

[37] 姜晓霞, 李诗卓, 李曙, 等. 金属的腐蚀磨损[M]. 北京: 化学工业出版社, 2003, 5: 1-269.

[38] H. X. Guo, B. T. Lu, J. L. Luo. Interaction of mechanical and electrochemical factors in erosion corrosion of carbon steel [J]. Electrochimica Acta, 2005, (51): 315-323.

[39] A. Neville, M. Reyes, H. Xu. Examining corrosion effects and corrosion/erosion interactions on metallic materials in aqueous slurries [J]. Tribology International, 2002, (35): 643-650.

[40] K. S. Tan, J. A. Wharton. R. J. K. Wood. Solid particle erosion-corrosion behaviour of a novel HVOF nickel aluminium bronze coating for marine applications-correlation between mass loss and electrochemical measurements [J]. Wear, 2005, (258): 629-640.

[41] 伞金福, 毕志夫, 杜智, 等. 电弧喷涂不锈钢涂层的冲蚀和冲蚀腐蚀磨损性能[J]. 钢铁研究, 1998, (3): 48-51.

[42] 王健云. 工业纯钛和00Cr25Ni22Mo2不锈钢的冲刷腐蚀[J]. 中国腐蚀与防护学报, 2000, (20): 123-128.

[43] 郑玉贵, 姚治铭, 柯伟, 等. 泥浆型冲蚀中冲刷和腐蚀交互作用[J]. 中国腐蚀与防护学报, 1993, (4): 390-395.

[44] 刘英杰, 成克强. 磨损失效分析基础[M]. 北京: 机械工业出版社, 1991: 1-165.

[45] 董刚, 张九渊. 固体粒子冲蚀磨损研究进展[J]. 材料科学与工程学报, 2003, 21 (2): 3072312.

[46] Shipway P H, Hutchings. I. M. The role of particle properties in the erosion of brittle materials [J]. Wear, 1996, (193): 105-113.

[47] Srinivasan, Scattergood. Effect of erodent hardness on erosion brittle materials [J]. Wear, 1988 (128): 139-152.

[48] Bell J F, Rogers P S. Laboratory scale erosion testing of a wear resistant glass ceramic [J]. Materal Science Technology, 1987, (3): 807-813.

[49] Hussainova I, Kubarsepp J. Mechanical properties and features of erosion of cermets [J]. Wear, 2001, (250): 818-825.

[50] 孙家枢. 金属的磨损[M]. 北京: 冶金工业出版社, 1992: 468-478.

[51] Sundararjan G, ManishRoy. Solid particles erosion behavior of metallic materials at room and elevated temperatures [J]. Tribol Inter, 1997, 30(5): 3392359.

[52] K. P. Balan, A. V. Reddy, V. Joshi, et al. The influence of microstructure on the erosion be-

haviour of cast irons [J], Wear, l991, 145(2)：283-296.

［53］ T. Foley, A. Levy. The erosion of heat-treated steels [J]. Wear, 1983, 91(1)：45-64.

［54］ A. Karimi, Ch. Verdon, J. L. Martin. Slurry erosion behavior of thermally sprayed WC coating [J]. Wear, 1995, 186-187(2)：480-486.

［55］ K. Anand, S. K. Hovis, H. Conrad. Flux effects in solid particle erosion [J]. Wear, 1987, 118(2)：243-257.

［56］ A. J. Ninham, A. V. Levy. The erosion of carbide-metal composites [J]. Wear, 1988, 121 (3)：347-361.

［57］ S. K. Hovis. A new method of velocity calibration for erosion testing [J]. Wear, 1985, 101 (1)：69-96.

［58］ Levy A V. Erosion of solid-solution-strengthened alloys [J]. Wear, 1988, 121 (3)：347-361.

［59］ Levy A V. The erosion of structure alloys, ceramets and insitu oxide scales on steels [J]. Wear, 1988 (127)：31-52.

［60］ Heinrich Reshetnyak, Jakob Kuybarsepp. Mechanical properties of hard metals and their erosive wear resistance [J]. Wear, 1994, 177(2)：185-193.

［61］ 邵荷生, 曲敬信. 摩擦与磨损[M]. 北京：煤炭工业出版社, 1992：1-105.

［62］ J. G. A. Bitter. A study of erosion phenomena [J]. Wear, 1963, (6)：5-21.

［63］ J. G. A. Bitter. A study of erosion phenomena：Part II [J]. Wear, 1963, 6, (3)：169-190.

［64］ G. P. Tilly. A two stage mechanism of ductile erosion [J]. Wear, 1973, 23(1)：87-96.

［65］ Levy A. Wear of Materials [M], 1998：1-564.

［66］ 冯益华, 邓建新, 史佩伟. 陶瓷材料磨损的研究[J]. 陶瓷学报, 2002(3)：169-173.

［67］ H. Wensink, M. C Elwenspoek. A closer look at the ductile-brittle transition in solid particle erosion [J]. Wear, 2002, 253 (9-10)：1035-1043.

［68］ G. Sundararajan, ManishRoy. Solid particle erosion behaviour of metallic materials at room and elevated temperatures [J]. Tribology International, 1997, 30(5)：339-359.

［69］ I. M. Hutchings. A model for the erosion of metals by spherical particles at normal incidence [J]. Wear, 1981, 70(3)：269-281.

［70］ Danian Chen, M. Sarumi, S. T. S. Al-Hassani, et a1. A model for erosion at normal impact [J]. Wear, 1997, 205(1-2)：32-39.

［71］ 徐滨士, 朱绍华. 表面工程理论与技术[M]. 北京：国防工业出版社, 1999：254-289.

［72］ 王海军, 蔡江, 韩志海. 超音速等离子与 HVOF 喷涂 WC-Co 涂层的冲蚀磨损性能研究 [J]. 材料工程, 2005, (4)：49-54.

［73］ 李秀兵, 方亮, 高义民, 等. 碳化钨颗粒增强钢基复合材料的冲蚀磨损性能研究[J]. 摩擦学学报, 2007, 27(1)：16-19.

［74］ 刘胜林, 孙冬柏, 樊自拴, 等. 等离子熔覆铁基涂层的组织及冲蚀磨损研究[J]. 材料工

程, 2006, (12): 35-39.

[75] 邓春明. 300M 钢超声速火焰喷涂 WC/17Co 涂层的疲劳性能[J]. 航空材料学报, 2007, (4): 26-31.

[76] 鲍君峰, 于月光, 刘海飞. HVOF 喷涂 WC/Co 涂层冲蚀磨损机理研究. 矿冶, 2006, 15 (1): 25-28.

[77] Helmut Kaufmann. Industrial applications of plasma and ion surface engineering [J]. Surface and Coatings Technology, 1995, 74-75(1): 23-28.

[78] Winfried Grafen, Bernd Edemhofer. New developments in thermochemical diffusion processes [J]. Surface and Coatings Technology, 2005, 200(5-6): 1830-1836.

[79] Menthe E, Bulak A, Olfe J, et al. Improvement of the mechanical properties of austenitic stainless steel after plasma nitriding [J]. Surface and Coating Technology, 2000, 1133-1134: 259-263.

[80] Y. Sun, T. Bell, Sliding wear characteristics of low temperature plasma nitrided 316 austenitic stainless steel [J]. Wear, 1998, 218 (1): 34-42.

[81] Wang Liang, Xu Bin. The wear and corrosion properties of stainless steel nitrided by low-pressure plasma-arc source ion nitriding at low temperatures [J]. Surface and Coating Technology, 2000, 130: 304-308.

[82] C. X. Li, T. Bell. Corrosion properties of active screen plasma nitrided 316 austenitic stainless steel [J]. Corrosion Science, 2004 (46): 1527-1547.

[83] C. X. Li, T. Bell. Corrosion properties of plasma nitrided AISI410 martensitic stainless steel in 3.5%NaCl and 1%HCl aqueous solutions [J]. Corrosion Science, 2006, 48(8): 2036-2049.

[84] 黄锡森. 金属真空表面强化的原理与应用[M]. 上海: 上海交通大学出版社, 1989: 71-82.

[85] 戴达煌, 周克崧, 袁镇海. 现代材料表面技术科学[M]. 北京: 冶金工业出版社, 2004: 451-453.

[86] 傅永庆, 朱晓东, 徐可为, 等. 离子束辅助沉积技术及其进展[J]. 材料科学与工程, 1996, 14(3): 22-23.

[87] 张通和, 吴瑜光. 离子束表面工程技术与应用[M]. 北京: 机械工业出版社, 2005: 1-87.

[88] M. Herranen, U. Wiklund. Corrosion behaviour of Ti/TiN multilayer coated tool steel [J]. Surface and Coating Technology, 1998, 99: 191-196.

[89] Tianwei Liu, Chuang Dong, Sheng Wu. TiN, TiN gradient and Ti/TiN multi-layer protective coatings on Uranium [J]. Surface and Coating Technology, 2007, 201: 6737-6741.

[90] 李成明, 孙晓军, 张增毅, 等. ZrN 及其多层膜的性质和耐腐蚀性能[J]. 材料热处理学报, 2003, 24 (7): 55-58.

[91] 张建苏, 刘海平, 郝杉杉. ZrN/ WN 纳米多层膜的结构与性能研究[J]. 材料工程, 1998, (7): 27-29.

［92］吴小梅，李伟光，陆峰．压气机叶片抗冲蚀涂层的研究及应用进展［J］．材料保护．2007，40（10）：54-57.

［93］Ronghua Wei, Edward Langa, Christopher Rincon. Deposition of thick nitrides and carbonitrides for sand erosion protection［J］. Surface and Coatings Technology, 2006, 201：4453-4459.

［94］S. Lathabai, M. Ottmuller, I. Fernandez. Solid particle erosion behaviour of thermal sprayed ceramic, metallic and polymer coatings［J］. Wear, 1998, 221：93-108.

［95］Alicja Krella, Andrzej Czy˙zniewski. Cavitation erosion resistance of Cr-N coating deposited on stainless steel［J］. Wear, 2006, 260：1324-1332.

［96］倪兆荣，盛继生．喷丸处理对汽车变速箱齿轮疲劳强度影响的研究［J］．机械传动，2003，27（1）：39-41.

［97］王仁智，汝继来．汽车内燃机气门弹簧表面强化处理中的若干问题［J］．中国表面工程，2000，47（2）：38-41.

［98］R. Fathallah, A. Laamouri, H. Sidhom, et al. High cycle fatigue behavior prediction of shot-peened parts［J］. International Journal of Fatigue, 2004, 26：1053-1067.

［99］Liu G, Wang S, Lou X, et al. Low Carbon Steelwith Nanostructured Surface Layer Induced by High-energy Shot Peening. Scrip ta Mater. , 2001, 44 (8-9)：1791-1795.

［100］Liu G, Lu J, Lu K. Surface Nanocrystallization of 316L Stainless Steel Induced by Ultrasonic Shot Peening［J］. Materials Science and Engineering A, 2000, 286：91-95.

［101］高玉魁，殷源发，李向斌．表面完整性对马氏体不锈钢疲劳性能的影响［J］．金属热处理，2002，8（22）：30-32.

［102］Vinogradov A, Mimaki T, Hashimoto S, et al. On the corrosion behaviour of ultra-fine grain copper［J］. Scripta Materialia, 1999, 41：319-326.

［103］Wang L C, Li D Y. Mechanical, electrochemical and tribological properties of nanocrystalline surface of brass produced by sandblasting and annealing［J］. Surface and Coating Technology, 2003, 167：188-196.

［104］李雪莉，李瑛，王福会，等．USSP 表面纳米化 Fe-20Cr 合金的腐蚀性能及机制研究［J］．中国腐蚀与防护学报，2002，22（6）：326-334.

［105］ASTM G76-04. Standard test method for conducting erosion tests by solid particle impingement using gas jets［S］. 2004.

［106］胡红娟．钛合金深层离子氮化及其性能研究［D］．太原：太原理工大学，2007.

［107］Brokman A, Tuler F R. Study of the mechanisms of ion nitriding by the application of a magnetic field［J］. Journalof Applied Physics, 1981, 52（1）：468-471.

［108］田民波，刘德令，编译．薄膜科学与技术手册（上册）［M］．北京：机械工业出版社，1991.

［109］凌国伟，沈辉宇，周福堂．阴极电弧沉积技术及其发展［J］．真空，1996，（1）：1-12.

［110］A. Johansen, J. H. Dontje, L. D. Zenner. Reactive arc vapor ion deposition of TiN, ZrN and HfN［J］. Thin Solid Films, 1987, （153）：75-82.

［111］孙海林，刘青林，胡奈赛，等．用对滚法测定膜基界面的结合强度［J］．机械强度，1996，18（4）：59-61．

［112］朱晓东，米彦郁，胡奈赛，等．膜基结合强度评定方法的探讨：划痕法、压入法、接触疲劳法测定的比较［J］．中国表面工程，2002，4：29-31．

［113］Valli J. A review of adhesion test methods for thin hard coating ［J］. Journal of Vacuum Science Technology Part A, 1986, 6（4）: 3007-3014.

［114］冯爱新，张永康，谢华琨，等．划痕试验法表征薄膜涂层界面结合强度［J］．江苏大学学报（自然科学版），2003，24（2）：15-20．

［115］胡奈赛，徐可为，何家文．涂、镀层的结合强度评定［J］．中国表面工程，1998，38（1）：31-35．

［116］李河清，蔡珣，马峰，等．压痕法测定薄膜（涂层）的界面结合强度［J］．机械工程材料，2002，26（4）：11-14．

［117］Liu C H, Li Wen-Zhi, Li Heng-De. Simulation of nacre with TiC/metal multilayer and a study of their toughness［J］. Materials Science and Engineering, 1996, （4）: 133-142.

［118］Nastasi M, Kodak P, Walter K C, et al. Fracture toughness of diamond like carbon coatings ［J］. Journal of Materials Research, 1999, （14）: 2173-2180.

［119］Li Xiaodong, Bhushan B. Measurement of fracture toughness of ultra-thin amorphous film ［J］. Thin sold films, 1998, （315）: 214-221.

［120］Lee S H, Kim J S. Evaluation of microfracture toughness and micro cracking with notch tip radius of Si film structure for micro actuator in hard disk drives［J］. Micro system Technologyies, 2001, （7）: 91-98.

［121］Rsui T Y, Joo Y C. A new technique to measure through thickness fracture toughness ［J］. Thin solid films, 2001, （401）: 203-210.

［122］J. C. A. Batista, C. Godoy, A, Matthews. Impact testing of duplex and non-duplex（Ti, Al）N and Cr-N PVD coatings ［J］. Surface and Coaings Technology, 2003, （163-164）: 353-361.

［123］HB5152-96. 金属室温旋转弯曲疲劳试验方法［S］. 1996.

［124］Ruff A W, Ives L. Application of Ion Beam Milling to the Characterization of Cracks in Metals ［J］. Wear, 1975, 35（1）: 195-199.

［125］林福严．固体粒子冲蚀磨损实验机研究［C］．第四界全国金属磨损材料学术论文选集，1987：66-67．

［126］GB/T10125-1997. 人造气氛腐蚀试验—盐雾试验［S］. 1997.

［127］刘道新，陈华，何家文，等．离子渗氮与喷丸强化复合改进钛合金抗微动损伤性能［J］．材料热处理学报，2001，22（3）：49-54．

［128］张晓化，刘道新，高广睿．喷丸强化因素对 Ti811 合金高温微动疲劳抗力的影响［J］．稀有金属材料与工程，2005，34（12）：1985-1989．

［129］P. S. Song, C. C. Wen. Crack closure and crack growth behaviour in shot peened fatigued specimen [J]. Engineering Fracture Mechanics, 1999, 63: 295–304.

[130] P. Peyre, X. Scherpereel, L. Berthe, et al. Surface modifications induced in316L steel by laser peening and shot–peening [J]. Influence on pitting corrosion resistance, 2000, 280: 294–302.

[131] X. Y. Wang, D. Y. Li. Mechanical and electrochemical behavior of nanocrystalline surface of 304 stainless steel [J]. Electrochimica Acta, 2002 (47): 3939–3947.

[132] Ning Li, Jinsuo Zhanga, Bulent H, et al. Surface treatment and history–dependent corrosion in lead alloys [J]. Nuclear Instruments and Methods in Physics Research A, 2006, (562): 695–697.

[133] 王天生, 于金库, 董冰峰, 等. 1Cr18Ni9Ti 不锈钢的喷丸表面纳米化及其对耐蚀性的影响[J]. 机械工程学报, 2005, 41(9): 51–54.

[134] 刘道新. 材料的腐蚀与防护[M]. 西安: 西北工业大学出版社, 2006: 202–286.

[135] 李瑛, 王福会. 表面纳米化对金属材料电化学腐蚀行为的影响[J]. 腐蚀与防护, 2003, 24(1): 6–12.

[136] 刘国宇, 鲍崇高, 张安峰. 不锈钢与碳钢的液固两相流冲刷腐蚀磨损研究[J]. 材料工程, 2004, 11: 37–40.

[137] 王惠民. 流体力学基础[M]. 北京: 清华大学出版社机械工业出版社, 2005: 1–240.

[138] S. K. Kim, J. S. Yoo, J. M. Preiest, et al. Characteristics of martensitic stainless steel nitrided in low pressure RF plasma [J]. Surface and Coating Technology, 2003, (163 – 164): 380–385.

[139] C. Allen, C. X. Li, T. Bell, et al. The effect of fretting on the fatigue behaviour of plasma nitrided stainless steels [J]. Wear 254 (2003) 1106–1112.

[140] 曹楚南. 腐蚀电化学原理[M]. 北京: 化学工业出版社, 2004. 53–242.

[141] E. Bemporad, M. Sebastiani, C. Pecchio, et al. High thickness Ti/TiN multilayer thin coatings for wear resistant applications [J]. Surface and Coatings Technology, 2006, (201): 2155–2165.

[142] 周庆刚, 白新德, 陈小文, 等. 氮化铬梯度膜的制备和电化学性能研究[J]. 稀有金属材料与工程, 2004, 33 (6): 666–669.

[143] X. C. Zhang, B. S. Xu, H. D. Wang, et al. Effects of compositional gradient and thickness of coating on the residual stresses within the graded coating [J]. Materials and Design, 2007, 28: 1192–1197.

[144] 张均, 田红花, 戚羽, 等. 多弧离子镀合金涂层表面颗粒的研究[J]. 真空, 1997, (4): 17–20.

[145] Inés Fernández Pariente, Mario Guagliano. About the role of residual stresses and surface work hardening on fatigue ΔKth of a nitrided and shot peened low–alloy steel[J]. Surface and Coating Technology, 2008, (202): 3072–3080.

[146] G. H. Farrahi, H. Ghadbeigi. An investigation into the effect of various surface treatments on

fatigue life of a tool steel [J]. Journal of Materials Processing Technology, 2006, (174): 318-324.

[147] Mariusz Bielawski, Wieslaw Beres. FE modelling of surface stresses in erosion-resistant coatings under single particle impact [J]. Wear, 2007, (262): 167-1750.

[148] Xiaodong Zhu, Hailin Dou, Zhigang Ban, et al. Repeated impact test for characterization of hard coatings [J]. Surface and Coatings Technology. 2007, (201): 5493-5497.

[149] E. Lugscheider, O. Knotek, C. Wolff, et al. Structure and properties of PVD-coatings by means of impact tester[J]. Surface and Coatings Technology. 1999, (116-119): 141-146.

[150] P. J. Woytowitz, R. H. Richman. Modeling of damage from multiple impacts by spherical particles [J]. Wear, 1999, (233-235): 120-133.

[151] Y. Gachon, P. Ienny, A. Forner, et al. Erosion by solid particles of W/W-N multilayer coatings obtained by PVD process [J]. Surface and Coatings Technology, 1999, (113): 140-148.

[152] W. C. Young. Roark's Formulas for Stress and Strain [M]. McGraw-Hill, 1989.

[153] A. Leyland, A. Matthews. Thick Ti/TiN multilayered coatings for abrasive and erosive wear resistance [J]. Surface and Coatings Technology, 1994, 70: 19-25.

[154] 王小锋, 刘道新. 小能量多冲法对物理气相沉积膜层机械性能的评价[J]. 机械科学与技术, 2008, 27(4): 451-455.

[155] 张定铨, 何家文. 材料中残余应力的X射线衍射分析和作用[M]. 西安: 西安交通大学出版社, 1999: 1-284.

[156] 刘志江, 袁平. 我国大型汽轮机叶片运行状况的研究和对策[J]. 中国电力, 1999, 32(10): 61-65.

[157] 姚建华, 于春艳, 孔凡志, 等. 汽轮机叶片的激光合金化与激光淬火[J]. 动力工程学报, 2007, 27(4): 652-656.

[158] 朱宝田, 吴厚钰. 汽轮机叶片动应力计算方法的研究[J]. 西安交通大学学报, 2000, 34(1): 26-29.

[159] 王高潮. 材料科学与工程导论: 机械工业出版社, 2006.

[160] 王邦杰. 实用模具材料与热处理速查手册: 机械工业出版社, 2014.

[161] 孙家枢. 热喷涂科学与技术: 冶金工业出版社, 2013.

[162] 王桂生. 钛的应用技术: 中南大学出版社, 2007: 384.

[163] 胡光立, 谢希文. 钢的热处理(原理和工艺)第4版: 西安: 西北工业大学出版社, 2012: 259.

[164] 《兵器工业科学技术辞典》编辑委员会编. 兵器工业科学技术辞典综合: 北京: 国防工业出版社, 1995: 251.

[165] 王书田. 热处理设备: 中南大学出版社, 2011: 167.

[166] 薛雯娟, 刘林森, 王开阳, 等. 喷丸处理技术的应用及其发展[J]. 材料保护, 2014, 47(05): 46-49+8.